软件开发 人才培养系列丛书

C语言

程序设计

学习指导与上机实验

揭安全◎编著

人民邮电出版社

北　京

图书在版编目（CIP）数据

C语言程序设计学习指导与上机实验 / 揭安全编著
. -- 北京 : 人民邮电出版社，2023.10
（软件开发人才培养系列丛书）
ISBN 978-7-115-60466-8

Ⅰ．①C… Ⅱ．①揭… Ⅲ．①C语言－程序设计－高等
学校－教学参考资料 Ⅳ．①TP312.8

中国版本图书馆CIP数据核字(2022)第219792号

内 容 提 要

本书是《高级语言程序设计（C语言版 第2版）——基于计算思维能力培养（附微课视频）》的配套学习指导与上机实验教材。全书包括两部分，第1部分是学习指导与典型例题解析，第2部分是上机实验指导。

学习指导与典型例题解析部分中，每章（第10章除外）都包括本章学习要求、本章思维导图及学习要点、典型例题分析和自测题4部分内容，并采用思维导图提炼知识要点，通过对典型例题的详细解析帮助读者完成知识内化；同时精选涵盖各章重点、难点的丰富习题供读者自测。

上机实验指导部分中，每个实验都包括实验目的和实验内容两个模块。实验内容模块对主教材的实验题进行详细解析。

本书适合高等院校计算机及相关专业学生学习，也可作为大学计算机公共基础课程"C语言程序设计"的学习参考书，还可供从事计算机相关工作的科技人员、程序设计爱好者及准备参加全国计算机等级考试的各类自学人员参考。

◆ 编　著　揭安全
　　责任编辑　孙　澍
　　责任印制　王　郁　陈　犇
◆ 人民邮电出版社出版发行　北京市丰台区成寿寺路11号
　　邮编　100164　电子邮件　315@ptpress.com.cn
　　网址　https://www.ptpress.com.cn
　　固安县铭成印刷有限公司印刷
◆ 开本：787×1092　1/16
　　印张：15.5　　　　　　　　　　2023年10月第1版
　　字数：412千字　　　　　　　　2025年1月河北第2次印刷

定价：59.80元

读者服务热线：(010)81055256　印装质量热线：(010)81055316
反盗版热线：(010)81055315
广告经营许可证：京东市监广登字 20170147 号

前言

　　学习程序设计是一件具有挑战性的事情，"高级语言程序设计"作为大学计算机相关专业的重要课程，承担着培养学生程序设计与问题求解基本能力的任务。程序设计与问题求解能力的培养需要基于一定量的练习和大量的编程实践。

　　本书包括两部分：学习指导与典型例题解析和上机实验指导。

　　学习指导与典型例题解析部分在采用思维导图提炼章节知识要点的基础上，深入剖析和讨论主教材中的重点和难点，对全国计算机等级考试（NCRE）（二级 C 语言）和软件水平考试中的典型例题进行解析，帮助读者完成知识内化；并在此基础上精选习题供读者自测。作为本教材的重要特色，这部分的最后一章对主教材中综合性程序设计案例——基于用户角色的图书管理系统的内容，从图书借阅管理业务流的角度对编程实现进行了详细解析，为读者开展综合性程序设计提供详细的学习参考资料。

　　上机实验指导部分的实验内容与主教材各章实验对应，通过对实验的详细解析，帮助读者深入理解和掌握主教材中的基本知识、原理和相关算法。

　　书中所有程序都已在 Code::Blocks 20.03 和 Dev C++ 5.11 环境下调试通过，这些程序同样可以在 Visual C++环境下运行，读者可以从人邮教育社区（www.ryjiaoyu.com）下载相关文件。

　　附录给出了主教材习题的参考答案，本书自测题的参考答案可通过人邮教育社区下载，方便读者检验学习效果。

　　全书由揭安全编著，因编者水平有限，书中难免存在不妥之处，欢迎读者对本书提出意见和建议。

作　者

2023 年 4 月

目录

第 1 部分
学习指导与典型例题解析

第1章
程序设计引论

一、本章学习要求

（1）了解程序、软件、程序设计语言的基本概念。

（2）了解程序设计语言的分类及程序的执行方式。

（3）了解 C 语言的历史及特点。

（4）能够自行安装 Code:Blocks、Visual C++、DEV C++等 C 语言集成开发软件，并熟悉这些软件的使用方法，能够用其编写简单的 C 语言程序并编译运行。

（5）了解 C 语言程序的错误分类。

二、本章思维导图及学习要点

1. 思维导图

本章思维导图如图 1-1-1 所示。

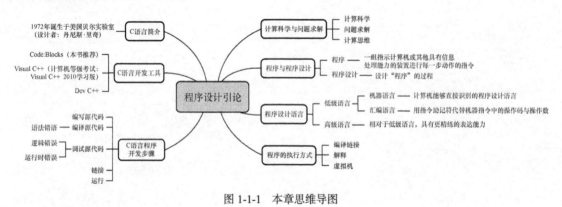

图 1-1-1　本章思维导图

2. 学习要点

要点 1：程序设计

计算机程序（Computer Program）是指一组指示计算机或其他具有信息处理能力的装置进行每一步动作的指令。计算机程序通常用某种程序设计语言编写，运行于某种目标体系结构上。编写计算机程序的过程称为程序设计。

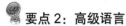 **要点 2：高级语言**

计算机只能接收和处理由 0 和 1 组成的二进制数据，这种形式的指令是面向机器的，称为"**机器语言**"。机器语言难以理解和编写，因此，人们使用接近语言习惯的自然语言和数学语言作为指令的表达形式，这种语言称为高级语言。C 语言就是高级语言中的一种。

要点 3：程序的执行方式

程序的执行方式有**编译链接**、**解释**和**虚拟机** 3 种。

使用高级语言表示指令虽然简单，但使用高级语言编写的"源程序"不能被计算机直接执行，必须将它转换成机器语言程序（这种程序称为"**目标程序**"）才可以执行，把高级语言源程序翻译成目标程序的过程称为"**编译**（Compile）"。

Basic、JavaScript 等程序设计语言采用"解释"的方式来执行程序，这种方式由一种称为"解释器"的软件来实现。解释器并不是将源程序整体翻译成目标代码后执行，而是解释一条语句就执行一条语句。

还有一些编程语言采用编译和解释结合的方式执行程序，这种方式现在非常流行，又称虚拟机执行方式。Java、Python、Perl 等编程语言都采用这种方式执行程序。

要点 4：C 语言的特点

C 语言于 1972 年诞生于美国贝尔实验室，它的设计者是丹尼斯·里奇（Dennis Ritchie），许多主流的程序设计语言都是在 C 语言的基础上发展起来的。C 语言采用编译链接的执行方式，C 语言源程序的扩展名为.c。编译 C 语言程序需要先将 C 语言源程序编译并生成一个扩展名为.obj 的二进制文件（也称为目标文件），再由**链接程序**把.obj 文件与 C 语言的各种库函数链接起来生成一个扩展名为.exe 的可执行文件。

要点 5：开发 C 语言程序的步骤

开发 C 语言程序通常需要经历创建（修改）源代码、编译、链接、运行（调试）等过程。编程是一项复杂的工作，所以难免会出错。C 语言程序的错误有语法错误、运行时错误和逻辑错误 3 种，发现和排除程序错误的过程称为**调试**（Debug）。

三、典型例题分析

【例 1】计算机可以直接识别的语言是（　　　）。

A．C 语言　　　　　　B．Python　　　　C．汇编语言　　　D．机器语言

【解析】答案为 D。本题考核的知识点主要是程序设计语言的分类及特点。A、B 均为高级语言，C 和 D 虽然都为低级语言，但只有机器语言才能被计算机直接识别。

【例 2】下面关于程序编译的描述中错误的是（　　　）。

A．高级语言程序需要相应的编译程序将它转换为目标程序才可以执行

B．在程序的编译过程中可以发现程序中存在的语法错误

C．在程序的编译过程中可以发现程序中存在的逻辑错误

D．程序编译是程序调试的必经过程

【解析】答案为 C。本题考核的知识点主要是高级语言的特点、编译的基本概念。在编译过程中只能发现程序中存在的语法错误，不能发现程序中存在的逻辑错误。

【例 3】以下叙述中错误的是（　　　　）。

　A. C 语言的可执行程序是由一系列机器指令构成的

　B. 用 C 语言编写的源程序不能直接在计算机上运行

　C. 通过编译得到的二进制目标文件需要连接才可以运行

　D. 在没有安装 C 语言集成开发环境的机器上不能运行由 C 语言源程序生成的.exe 文件

【解析】答案为 D。本题考核的知识点主要是 C 语言程序的特点。.exe 文件是可执行文件，可以在没有安装 C 语言集成开发环境的机器上直接运行。

【例 4】以下说法中正确的是（　　　　）。

　A. C 语言程序总是从定义的第一个函数开始执行

　B. C 语言程序中的 main( )函数必须放在程序的最前面

　C. C 语言程序总是从 main( )函数开始执行，并在 main( )函数中正常结束

　D. C 语言源程序可以不包含 main( )函数

【解析】答案为 C。本题考核的知识点主要是 C 语言程序的特点、main( )函数的性质。一个 C 语言程序可以包含多个函数，但只能有一个 main( )函数；程序的执行总是从 main( )函数开始，并在 main()函数中正常结束。

四、自测题

（一）单项选择题

1. 下列叙述中错误的是（　　　　）。

　A. C 语言源程序经编译后生成扩展名为.obj 的目标文件

　B. C 语言程序经过编译、链接步骤之后才能生成一个真正可执行的二进制机器指令文件

　C. 用 C 语言编写的程序称为源程序，它以 ASCII 的形式存放在一个文本文件中

　D. C 语言程序中的每条可执行语句和非执行语句最终都被转换成二进制的机器指令

2. 下列叙述中错误的是（　　　　）。

　A. 计算机不能直接执行用 C 语言编写的源程序

　B. 扩展名为.obj 和.exe 的二进制文件都可以直接运行

　C. C 语言程序经过编译后生成扩展名为.obj 的文件，它是一个二进制文件

　D. 扩展名为.obj 的文件经链接后生成扩展名为.exe 的文件，它是一个二进制文件

3. 下列叙述中错误的是（　　　　）。

　A. C 语言是一种结构化程序设计语言

　B. 结构化程序由顺序、分支、循环 3 种基本结构组成

　C. 结构化程序设计提倡模块化的设计方法

　D. C 语言是一种面向对象的程序设计语言

4. 下列叙述中正确的是（　　　　）。

　A. 程序设计就是编制程序

　B. 程序的测试必须由编写它的程序员完成

　C. 程序经过调试改错后还应进行再测试

　D. 程序经调试改错后不必进行再测试

5. 下列叙述中正确的是（　　　　）。

　A. C 语言程序将从第一个函数开始执行

B. 可以在程序中由用户指定任意一个函数作为主函数，并从该函数开始执行

C. C 语言允许将 main 作为用户标识符，用以命名任意一个函数并将此函数作为主函数

D. C 语言规定必须用 main 作为主函数名，程序将从该函数开始执行，并在该函数中结束

（二）填空题

1. C 语言源程序的扩展名是_____。

2. 一个 C 语言程序一般由若干个函数构成，其中至少应包含一个_____函数。

3. 把高级语言源程序翻译成目标程序的过程称为_____，把目标程序转换成可执行文件的过程称为_____。

4. C 语言程序中常见的错误分为语法错误、运行时错误和_____，编译阶段能够发现的错误是_____。

第 2 章

数据类型、运算符与表达式

一、本章学习要求

（1）了解 C 语言程序的基本结构及 C 语言程序中常见的符号分类。

（2）掌握 C 语言中的基本数据类型及其表示范围。

（3）掌握 C 语言中的宏及常量的表示方法。

（4）熟练掌握 C 语言变量的定义与初始化方法。

（5）熟练掌握 C 语言的算术运算符、关系运算符、赋值运算符的优先级、结合性及它们的使用方法。

（6）熟练掌握++、--运算符的使用方法。

（7）正确理解赋值相容规则和强制类型转换的使用方法。

（8）能够根据数据存储需要正确声明并使用变量。

二、本章思维导图及学习要点

1. 思维导图

本章思维导图如图 1-2-1 所示。

2. 学习要点

要点 1：C 语言程序的构成

C 语言程序是由一个或多个函数组成的，每个函数用于实现某个特定的功能。**函数**是 C 语言程序的基本单位。一个完整的 C 语言程序有且仅有一个主函数（main( )函数）。main( )函数在 C 语言程序中的位置是不固定的，可以位于程序的开头、中间或结尾。C 语言程序的执行总是从 main( )函数开始，并在 main( )函数中正常结束，其他函数是由 main( )函数直接或间接调用来执行的。

要点 2：标识符与关键字

在 C 语言中，合法的标识符由字母、数字和下画线组成，并且第 1 个字符必须为字母或下画线。例如，getMax、a、b、_stringName 等都是合法的 C 语言标识符，但 9cd、my@name 不是合法的 C 语言标识符。标识符分为系统预定义标识符和用户自定义标识符两类。

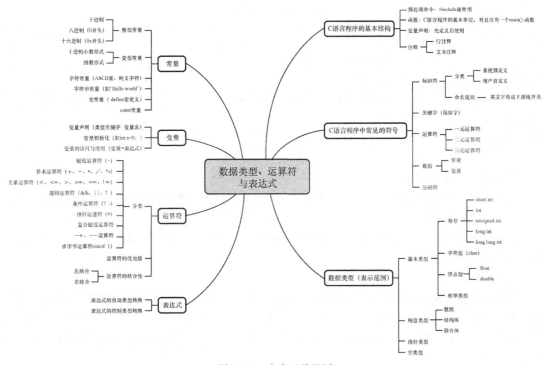

图 1-2-1　本章思维导图

关键字又称保留字，是 C 语言中预先规定的具有固定含义的标识符，如 int 表示整数类型，return 表示返回给主调函数的结果等。

要点 3：数据类型

数据类型用于规定变量可存储数据的类型、可表示的范围以及可执行的操作。C 语言提供了丰富的数据类型，包括基本类型、构造类型、指针类型和空类型。基本类型又包括整型、字符型、浮点型（也称实型）和枚举类型。构造类型由基本类型组合而成，分为数组、结构体和联合体 3 种。大家要重点掌握各种数据类型变量可存储的数据范围。

要点 4：整型常量

在 C 语言中，整型常量可以是用**十进制、八进制**或**十六进制**表示的整数。

（1）十进制整数：通常十进制整数前可以带正负号，如 2008、+1975、−1 等。

（2）八进制整数：C 语言中规定在八进制整数前面加一个 0。例如，020 表示的十进制数是 16。

（3）十六进制整数：书写格式为在十六进制整数前面加 0x。例如，0x20 表示的十进制数是 32。

在 C 语言中，有符号整数用二进制"补码"的形式存放，最高位为符号位。若是正数，其符号位的值为 0；若是负数，其符号位的值为 1。无符号整数的最高位则不用来存储整数的符号，而是同其他位一起用来存放数值。

要点 5：整型变量

整型变量可分为基本整型（int）、短整型（short int）、长整型（long int）、长长整型（long long int）和无符号整型（unsigned int），具体介绍如表 1-2-1 所示。

表 1-2-1   整型变量的具体介绍

类 型 名	范 围	占用存储空间大小
int	$-2^{31}(-2147483648)\sim 2^{31}-1(2147483647)$	4 字节
short int	$-2^{15}(-32768)\sim 2^{15}-1(32767)$	2 字节
long int	$-2^{31}(-2147483648)\sim 2^{31}-1(2147483647)$	4 字节（32 位计算机）
long long int	$-2^{63}\sim 2^{63}-1$	8 字节
unsigned int	$0\sim 2^{32}-1$	4 字节

 要点 6：实型常量

实型常量是带小数点的数据，在 C 语言中，实型常量可用**十进制小数形式**和**指数形式**来表示。

（1）十进制小数形式

用十进制小数表示的实型常量是由数字和小数点组成的，如.56、3.1415926、−96.25、20.等都是合法的实型常量。

（2）指数形式

指数形式类似于数学中的科学计数法，用指数形式表示的实型常量由尾数和指数组成，在 C 语言中，具体包括十进制尾数部分、字母 E（或 e）和整型指数。例如，3.1415926 可以写成 314.15926×10^{-2} 和 0.031415926×10^{2} 的等价形式。在 C 语言中，它们可分别表示成 314.15926e-2 和 0.031415926E2。

 要点 7：实型变量

实型变量可分为单精度实型（float）和双精度实型（double）两种，具体介绍如表 1-2-2 所示。

表 1-2-2   实型变量的具体介绍

类 型 名	范 围	占用存储空间大小
float	$-3.4\times 10^{-38}\sim 3.4\times 10^{38}$ 精度为 6 位有效数字	4 字节
double	$-1.7\times 10^{-308}\sim 1.7\times 10^{308}$ 精度为 15 位有效数字	8 字节

 要点 8：字符常量

C 语言中的字符以 ASCII 形式存放，一个 ASCII 占 1 字节，有效位为 7bit。

- 大写字母与其对应的小写字母的 ASCII 值相差 32。例如，小写字母'a'的 ASCII 值为 97，大写字母'A'的 ASCII 值为 65。
- 数字字符'0'的 ASCII 值为 48，其他数字字符的 ASCII 值依次递增。

转义字符序列以反斜杠（\）开头，后面跟一个对编译器而言具有特殊意义的字符。表 1-2-3 所示为常用的转义字符及其含义。

表 1-2-3   常用的转义字符及其含义

字符	含 义	字符	含 义
'\n'	换行（Newline）	'\a'	响铃报警提示音（Alert or Bell）
'\r'	回车（不换行）	'\"'	一个双引号（Double Quotation Mark）
'\0'	空字符，通常用作字符串结束标识	'\''	单引号（Single Quotation Mark）
'\t'	水平制表（Horizontal Tabulation）	'\b'	退格（Backspace）

要点 9：算术运算符

算术运算符用于进行各类数值运算，包括正号（＋）、负号（－）、加号（＋）、减号（－）、乘号（＊）、除号（／）和求余号（％）。正号（＋）和负号（－）为一元运算符。后 5 个运算符均为二元运算符，用于进行数学中的加、减、乘、除和求余运算。

要点 10：关系运算符

关系运算符分为比较运算符（<、<=、>和>=）和相等运算符（==和!=），用来比较两个操作数，并产生一个 int 类型的值。如果指定的比较关系为真，这个值是 1；如果为假，则为 0。

要点 11：复合赋值运算符

赋值运算符"="及复合赋值运算符的介绍如表 1-2-4 所示。

表 1-2-4　　　　　　　　　　赋值运算符"="及复合赋值运算符的介绍

对象数	名称	运算符	运算规则	运算对象类型	运算结果类型
二元	赋值	=	将表达式的值赋给变量	任意类型	与表达式类型相同
	加赋值	+=	a+=b（相当于 a=a+b）	数值型	数值型
	减赋值	-=	a-=b（相当于 a=a-b）		
	除赋值	/=	a/=b（相当于 a=a/b）		
	乘赋值	*=	a*=b（相当于 a=a*b）		
	模赋值	%	a%=b（相当于 a=a%b）	整型	整型

要点 12：++、--运算符

自增运算符（++）、自减运算符（--）的介绍如表 1-2-5 所示。

表 1-2-5　　　　　　　　　自增运算符（++）、自减运算符（--）的介绍

对象数	名称	运算符	运算规则	运算对象	运算结果类型
一元	增 1（前缀）	++	先加 1，后再使用	整型变量 字符型变量 指针型变量	同运算对象的类型
	减 1（前缀）	--	先减 1，后再使用		
	增 1（后缀）	++	先使用，后再加 1		
	减 1（后缀）	--	先使用，后再减 1		

要点 13：运算符的优先级与结合性

- 除++、--后缀运算符之外的一元运算符和三元运算符均具有右结合性；除赋值运算符之外的所有二元运算符均具有左结合性。
- 注意：自增和自减运算符（++和--）用作后缀运算符时（如 x++）具有较高的优先级。

要点 14：赋值运算中的类型转换

C 语言提供以下两条数据类型自动转换规则。

（1）在计算时，表达式中数据的类型自动转换原则：参加运算的各个数据的类型都转换成数据长度最长的数据的类型，然后计算，计算结果的类型是数据长度最长的数据的类型。

（2）在运算结果存入变量时，数据的类型自动转换原则：先将运算结果自动转换成与变量相同的数据类型，然后将其赋给该变量。

三、典型例题分析

【例1】 以下不能定义为用户标识符的是（　　　）。

A. float　　　　　　　B. _001　　　　　　　C. _char　　　　　　D. sizeof

【解析】 答案为D。本题考核的知识点主要是标识符的命名规则。C语言的标识符区分大小写，虽然允许将Float作为用户标识符，但它容易与float混淆，不推荐这样使用。sizeof是C语言的关键字，不能作为用户标识符。

【例2】 以下不是C语言字符常量的是（　　　）。

A. '\x41'　　　　　　　B. '\\'　　　　　　　C. '9'　　　　　　　D. '国'

【解析】 答案为D。本题考核的知识点主要是C语言的字符常量。选项A与B中都是转义字符，其中'\x41'表示ASCII值为十六进制数0x41的字符，即字符'A'。选项C中为数字字符。由于汉字在计算机内部采用汉字机内码，每个汉字占2字节，因此选项D中不是C语言字符常量。在C语言程序中，汉字仅允许出现在字符串或注释中。

【例3】 设变量x为float型且已经赋值，则以下语句中能将x的数值保留到小数点后两位，并将第3位四舍五入的是（　　　）。

A. x=x*100+0.5/100.0;　　　　　　　　　　B. x=(x*100+0.5)/100;

C. x=(int)(x*100+0.5)/100.0;　　　　　　　D. x=(x/100+0.5)*100.0;

【解析】 答案为C。本题考核的知识点主要是算术表达式、数据的（强制）类型转换。

【例4】 变量x、y、z均为double类型且已正确赋值，下列不能正确表示数学表达式x÷(y×z)的C语言表达式是（　　　）。

A. x/y*z　　　　　　B. x*(1/(y*z))　　　　C. x/y*1/z　　　　D. x/y/z

【解析】 答案为A。本题考核的知识点主要是算术表达式。x/y*z等价于(x÷y)×z，与x÷(y×z)不相符。

【例5】 下列程序运行后的输出结果是＿＿＿＿＿＿＿＿。

```c
#include <stdio.h>
int main()
{
        int sum=857;
        double average;
        average=sum/10;
        printf("平均分: %f\n",average);
        average=(double)sum/10;
        printf("平均分: %f\n",average);
        return 0;
}
```

【解析】 程序的输出结果如下所示。

平均分: 85.000000
平均分: 85.700000

本题考核的知识点主要是算术表达式及%f的使用方法。由于sum为整型，所以"sum/10"的值为85，将其赋给average后转换为85.000000。在计算"(double)sum/10"时，先将sum的值转换为double类型，再除以10，因此可得计算结果为85.700000。

【例6】 下列程序运行后的输出结果是＿＿＿＿＿＿＿＿。

```c
#include <stdio.h>
int main()
```

```
{
    int x=1,y=2;
    x=x+y; y=x-y; x=x-y;
    printf("%d,%d\n",x,y);
    return 0;
}
```

【解析】答案为"2,1"。本题考核的知识点主要是赋值表达式和%d 的使用方法。先将"x+y"的值赋给变量 x，x 的值为 3，然后将"x-y"的值赋给变量 y，此时变量 y 的值为 1，最后将"x-y"的值赋给变量 x，此时变量 x 的值为 2。

【例 7】下列程序运行后的输出结果是＿＿＿＿＿＿。

```
#include <stdio.h>
int main()
{
    int k=20,i=20,n;
    n=(k+=i*=k);
    printf("%d,%d,%d\n",k,n,i);
    return 0;
}
```

【解析】答案为"420,420,400"。本题考核的知识点主要是复合赋值运算和%d 的使用方法。语句"n=(k+=i*=k);"的执行过程：先执行"i*=k"，执行后 i 的值为 400；再执行"k+=i"，执行后 k 的值为 420；最后执行"n=k"，执行后 n 的值为 420。

【例 8】下列程序运行后的输出结果是＿＿＿＿＿＿。

```
#include <stdio.h>
int main()
{
    int x=100,y=90,z=8;
    z=(x-=(y-50));
    z=(x%110)+(y=3);
    printf("%d,%d,%d",x,y,z);
    return 0;
}
```

【解析】答案为"60,3,63"。本题考核的知识点主要是复合赋值运算及求余运算。"z=(x-=(y-50));"等价于"x=x-(y-50);"和"z=x;"两条语句，执行后，x 的值为 60，z 的值为 60。"z=(x%110)+(y=3);"执行后，z 的值为 63，y 的值为 3。

四、自测题

（一）单项选择题

1. 下列关于 long int、int、short int 类型的数据占用内存大小的叙述中，正确的是（ ）。
   A. 均占 4 字节
   B. 根据数据的大小来决定所占内存的字节数
   C. 由用户自己定义
   D. 由 C 语言编译系统决定

2. 现有语句"int a=9,b=6,c;"，执行语句"c=a/b+0.8;"后，c 的值是（ ）。
   A. 1　　　　　B. 1.8　　　　　C. 2　　　　　D. 2.3

3. 以下选项中可作为 C 语言合法常量的是（ ）。
   A. -90.　　　　B. -087　　　　C. -7e1.2　　　　D. -80.1e

4. 下列不正确的转义字符是（ ）。
   A. '\\'　　　　B. '\"'　　　　C. '\086'　　　　D. '\0'

5. 若变量均已正确定义并赋值，下列属于合法的 C 语言赋值语句的是（ ）。
   A. x = y = = 10;　　B. x = n%2.5;　　C. x + n = i;　　D. x = 5 = 4+ 1;

6. 以下不能正确表示代数式 $\dfrac{2ab}{cd}$ 的 C 语言表达式是（   ）。

    A. 2*a*b/c/d   B. a*b/c/d*2   C. a/c/d*b*2   D. 2*a*b/c*d

7. 下列能正确定义变量并赋初值的语句是（   ）。

    A. int nl=n2=10;   B. char c=32;

    C. float f=f+1.1;   D. double x=12.3E2.5;

8. 下面程序的输出结果是（   ）。

```c
#include <stdio.h>
int main()
{
    printf("%f",2.5+1*7%2/4);
    return 0;
}
```

    A. 2.500000   B. 2.750000   C. 3.375000   D. 3.000000

9. 有以下程序段，已知字符'a'的 ASCII 值为 97，则运行以下程序段后的输出结果是（   ）。

```c
char ch;
int k;
ch='a';
k=12;
printf("%c,%d,",ch,ch,k);
printf("k=%d\n",k);
```

    A. 因为变量类型与格式描述符的类型不匹配，所以输出结果为不定值

    B. 因为输出项与格式描述符个数不符，所以输出结果为 0 或不定值

    C. a,97,k=12

    D. a,97,12k=12

10. 下面程序的输出结果是（   ）。

```c
#include <stdio.h>
int main()
{
    int m=10,n=20,k=2;
    m*=n+++k;
    printf("%d,%d,%d",m,n,k);
    return 0;
}
```

    A. 220,20,3   B. 200,21,2   C. 200,20,3   D. 220,21,2

（二）填空题

1. 已知整型数据：a=3、b=−4、c=5，则表达式 "a++-b+(++c)" 的值是_____。

2. 在标准 C 语言中，一个 short int 型变量（占 2 字节）能表示的数的范围是_____。

3. 执行 "printf("%d,%c",'\102','\x43');" 后，输出的结果是_____。

4. 若要输出图 1-2-2 所示内容，则下面程序的 4 条 printf( )语句中，①和②处对应的转义字符分别是_____、_____。

> 王国维论治学有三种境界：
> 一是 "昨夜西风凋碧树，独上高楼，望尽天涯路"；
> 二是 "衣带渐宽终不悔，为伊消得人憔悴"；
> 三是 "众里寻他千百度，蓦然回首，那人却在灯火阑珊处"。

图 1-2-2　输出文本

```c
#include <stdio.h>
int main()
{
    printf("王国维论治学有三种境界：①");
```

```
    printf("一是②昨夜西风凋碧树，独上高楼，望尽天涯路②；①");
    printf("二是②衣带渐宽终不悔，为伊消得人憔悴②；①");
    printf("三是②众里寻他千百度，蓦然回首，那人却在灯火阑珊处②。①");
    return 0;
}
```

5. 有以下语句，执行"printf("%d\n", x);"后，输出的值是_____。

```
    int x=5;
    x+=x-=x+x;
```

6. 下面程序的输出结果是_____。

```
#include <stdio.h>
int main()
{
    int a=10,b=12,c=8;
    printf("%d",a<b<c);
    return 0;
}
```

7. 下面程序的输出结果是_____。

```
#include <stdio.h>
int main()
{
    int a=-10,b=-3,c=0;
    printf("%d,",a%b);
    printf("%d,",a/b*b);
    printf("%d,",-a%b);
    printf("%d",c-=b+++1);
    return 0;
}
```

8. 下面程序的输出结果是_____。

```
#include <stdio.h>
#define N 3+2
int main()
{
    int m=10,n;
    n=--m*N;   //n=--m*3+2
    printf("%d,%d",m,n);
    return 0;
}
```

第 **3** 章
算法与简单 C 语言程序设计

一、本章学习要求

（1）了解 C 语言中语句的分类。
（2）熟练掌握 C 语言程序中字符输入和输出函数的使用方法。
（3）熟练掌握 C 语言程序中格式输入和输出函数的使用方法。
（4）了解算法的概念及特点，掌握算法的描述方法。
（5）能够应用输入和输出函数与算术运算符进行简单的顺序结构程序设计。

二、本章思维导图及学习要点

1. 思维导图
本章思维导图如图 1-3-1 所示。

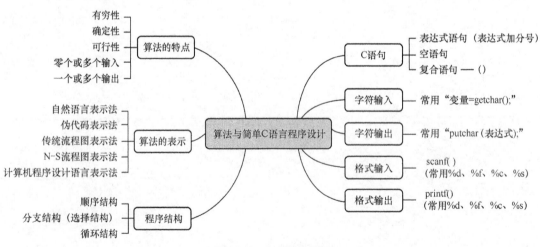

图 1-3-1　本章思维导图

2. 学习要点

要点 1：C 语言程序的语句

C 语言程序的语句分为表达式语句、空语句和复合语句。表达式语句包括表达式和分号；空语句仅有分号；用一对花括号"{ }"把一组声明和语句括在一起就构成了一个复合语句（也称为程序块），复合语句在语法上等价于单条语句。

要点 2：字符输入函数（getchar( )函数）

getchar( )函数用于返回从键盘输入的一个字符的 ASCII 值。调用该函数的语法格式如下。

```
c=getchar();
```

在上述语句中，变量 c 的值为从键盘输入的一个字符的 ASCII 值，c 可以为字符型或整型变量。

要点 3：字符输出函数（putchar( )函数）

putchar( )函数的功能是将一个字符输出到屏幕上。调用该函数的语法格式如下。

```
putchar(c);
```

在上述语句中，c 为 int 或 char 类型的表达式，当 c 为 int 类型的表达式时，调用该函数可输出 c 对应的 ASCII 字符。要使用 putchar()函数，需要在程序最前面加上"#include <stdio.h>"。

要点 4：格式输出函数（printf( )函数）

printf( )函数用来显示格式串（Format String）的内容，并且在格式串中的指定位置插入需要的值。调用 printf( )函数时必须提供格式串，格式串后面的参数是需要插入格式串中的值，又称为输出列表。调用 printf( )函数的语法格式如下。

```
printf("格式串",表达式1,表达式2,…);
```

在输出列表中用半角逗号","分隔若干表达式，表达式可以是常量、变量或者其他表达式。

在调用 printf( )函数时需要注意以下几点。

（1）在格式串中，格式字符与输出项的类型必须一一对应匹配。

（2）在格式串中，格式字符应与输出项的个数相同。如果格式字符的个数少于输出项的个数，多余的输出项将不予输出；反之，将输出不定值。

（3）如果想输出百分号"%"，则在格式串中输入两个连续的百分号"%%"。

要点 5：格式输入函数（scanf( )函数）

scanf( )函数是一个标准输入函数，它的一般调用格式如下。

```
scanf("格式串",地址列表);
```

其中，格式串的使用方法与 printf( )函数中的相同，它用于控制输入数据的类型与格式。但格式串中的普通字符仅作为输入分隔符，不会显示在屏幕上。

地址列表中给出各变量的地址。地址由取地址运算符"&"后跟变量名组成。

在调用 scanf( )函数时需要注意以下几点。

（1）在 scanf( )函数中，如果非格式字符作为输入数据时的间隔符，则输入时必须原样输入。而格式字符对应的数据在输入时必须按照规定的格式输入。

（2）当所有数据输入后，可按 Enter 键结束输入。

（3）用"%c"作为格式控制符时仅能接收单个字符的输入。从键盘输入单个字符后应该按 Enter 键结束数据的输入，此时回车符作为一个字符存放在缓冲区中，当再有"%c"作为格式控制符或调用 getchar( )函数时，将不再从键盘读入数据，而是从缓冲区中读入还未读完的数据。

要点 6：算法及其特点

算法就是对解决一个问题的基本步骤的描述，在计算机中表现为一组有穷动作序列。

算法应具有以下 **5 个特点**：有穷性、确定性、可行性、零个或多个输入、一个或多个输出。

要点 7：算法的描述方法

算法的描述方法主要有自然语言表示法、伪代码表示法、传统流程图表示法、N-S 流程图表示法、计算机程序设计语言表示法。

要点8：程序的处理流程结构

程序设计中的处理流程结构通常有以下3种。

- 顺序结构——按照所述顺序执行处理流程。
- 选择结构——又称分支结构，根据条件判断的结果执行相应流程。
- 循环结构——当循环条件成立时，反复执行给定的处理操作。

三、典型例题分析

【例1】下列叙述中错误的是（　　　）。

A. C语言的语句必须以分号结束

B. 复合语句在语法上被看作一条语句

C. 空语句出现在任何位置都不会影响程序的运行

D. 赋值表达式末尾加分号就构成了赋值语句

【解析】答案为C。本题考核的知识点主要是C语言语句的基本语法。若空语句出现在选择或循环控制语句中不合适的位置，将影响程序的运行。

【例2】使用语句"scanf("a=%f,b=%f",&a,&b);"输入变量a、b的值（□代表空格），下列输出正确的是（　　　）。

A. 1.25, 2.4　　　　　B. 1.25□2.4　　　　C. a=1.25, b=2.4　　D. a=1.25□b=2.4

【解析】答案为C。本题主要考核使用scanf()函数输入数据的方法。在使用scanf()函数时，如果非格式字符作为输入数据时的间隔符，则输入时必须原样输入。

【例3】下列叙述中正确的是（　　　）。

A. 调用printf()函数时，必须有输出项

B. 要使用putchar()函数，必须在程序开头引用头文件stdio.h

C. 在C语言中，整数可以以二进制、八进制或十六进制的形式输出

D. 调用getchar()函数读取字符时，可以从键盘上输入字符对应的ASCII值

【解析】答案为B。本题主要考核C语言程序的基本特点、字符输入方法、字符输出方法及格式输出函数的特点。

【例4】在下列程序运行时，若从键盘输入"789✓"（✓表示按Enter键，下同），则输出结果是＿＿＿＿＿＿＿＿。

```c
#include <stdio.h>
int main()
{
    int i=0, j=0, k=0;
    scanf("%d%*d%d",&i,&j,&k);
    printf("%d%d%d\n",i,j,k);
    return 0;
}
```

【解析】答案为"790"。本题考核的知识点主要是格式输入函数scanf()的使用方法。在格式字符和%之间加一个"*"符号，其作用是跳过对应的输入数据。在本题中，把7赋给变量i，跳过8，把9赋给变量j，变量k没有被重新赋值，仍为0。

【例5】已知字母'A'的ASCII值为65，下列程序运行后的输出结果是＿＿＿＿＿＿＿＿。

```c
#include <stdio.h>
int main()
{   char a,b;
    a='A'+'5'-'3';
```

```
    b=a+'6'-'2';
    printf("%d %c\n",a,b);
    return 0;
}
```

【解析】答案为 "67 G"。本题考核的知识点主要是字符的 ASCII 值及特点。"a='A'+'5'-'3';"语句执行后，a 的值为 67；"b=a+'6'-'2';"语句执行后，b 的值为 71，即'G'的 ASCII 值。

四、自测题

（一）单项选择题

1. 执行语句 "printf("%x", -1) ;" 后，输出结果是（　　　）。

    A. -1   B. -ffff   C. 1   D. ffff

2. 有以下程序：

```
#include <stdio.h>
int main()
{
    int a=102,b=012;
    printf("%2d,%2d\n",a,b);
    return 0;
}
```

此程序执行后，输出结果是（　　　）。

    A. 10,01   B. 02,12   C. 102,10   D. 02,10

3. 若变量已正确定义并且均为 float 类型，要通过语句 "scanf("%f%f%f",&a,&b,&c);" 将 a 赋值为 100.0、b 赋值为 120.0、c 赋值为 150.0，下列不正确的输入形式是（　　　）。

    A. 100✓   B. 100.0,120.0,150.0✓

        120✓

        150✓

    C. 100.0✓   D. 100   120✓

        120.0   150.0✓   150✓

4. 有以下程序：

```
#include <stdio.h>
int main()
{
    int a,b,c;
    scanf("a=%db=%dc=%d",&a,&b,&c);
    printf("%d,%d,%d\n ",a,b,c);
    return 0;
}
```

若想从键盘上输入数据，使变量 a 的值为 123、b 的值为 456、c 的值为 789，则正确的输入形式是（　　　）。

    A. a=123b=456c=789   B. a=123   b=456   c=789

    C. a=123,b=456,c=789   D. 123   456   789

5. 数学表达式 $2\sqrt{x} + \dfrac{a+b}{5\sin x}$ 对应的正确的 C 语言表达式是（　　　）。

    A. 2sqrt(x)+(a+b)/5sin(x)   B. 2sqrt(x)+(a+b)/(5sin(x))

    C. 2*sqrt(x)+(a+b)/5/sin(x)   D. 2*sqrt(x)+(a+b/5*sin(x))

（二）填空题

1. 结构化程序的基本结构有顺序结构、选择结构和_____。

2. 在 printf()格式输出函数中，不同的格式字符用于不同类型的数据。例如，_____格式字符用来输出十进制整数，_____格式字符用来输出一个字符，_____格式字符用来输出一个字符串。

3. 若有定义语句 "int a=10, b=9, c=8;"，则顺序执行下列语句后，变量 b 的值是_____。

```
c=(a-=(b-5));
c=(a%11)+(b=3);
```

4. 有以下程序：

```
#include <stdio.h>
int main()
{
    double x,y;
    scanf("_____(1)_____",&x,&y);
    printf("_____(2)_____",x,y);        //将结果保留两位小数并输出
    return 0;
}
```

若在程序运行时输入 "2.71828,3.14159✓"，程序输出 "x=2.72,y=3.14"，则（1）和（2）处应该填的语句分别是_____、_____。

5. 在以下程序执行时，先输入 "a✓"，再输入 "b✓"，则程序的输出结果是_____。（字符'a'的 ASCII 值为 97，回车符的 ASCII 值为 10。）

```
#include <stdio.h>
int main()
{
    int x,y;
    printf("Enter a character:");
    x=getchar();
    y=getchar();
    printf("Enter a character, again:");
    x=getchar();
    y=getchar();
    printf("%c,%d",x,y);
    return 0;
}
```

（三）程序设计题

1. 编写程序，实现输入同寝室中 4 位室友的身高（单位：cm），然后输出平均身高。

2. 编程实现计算银行存款的本息。从键盘输入存款金额 money、存期 year 和年利率 rate 的值，根据公式 $sum=money(1+rate)^{year}$ 计算存款到期时的本息合计 sum，输出结果保留两位小数。（提示：编程时可以使用 math.h 头文件中的幂函数 pow(x,n)，该函数的返回值为 x^n。）

第4章
程序基本控制结构

一、本章学习要求

（1）熟练掌握逻辑运算符与逻辑表达式，理解逻辑运算的短路条件。

（2）熟练掌握 if 语句、if else 语句及嵌套 if else 语句的用法。

（3）熟练掌握 switch case 多分支语句的适用场合及用法。

（4）熟练掌握使用 while 语句、for 语句及 do while 语句实现循环控制的方法。

（5）熟练掌握使用 break 及 continue 语句实现程序跳转的方法。

（6）了解 goto 语句的使用方法。

（7）熟练应用迭代法、穷举法等方法进行问题求解。

（8）理解 3 种循环控制结构的特点，能够综合利用它们设计循环程序。

二、本章思维导图及学习要点

1. 思维导图

本章思维导图如图 1-4-1 所示。

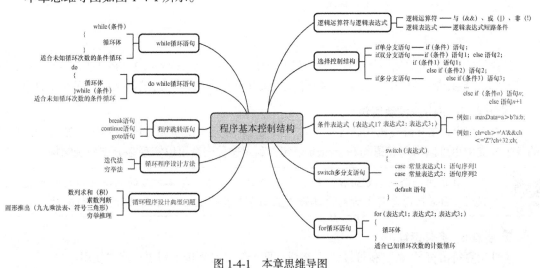

图 1-4-1　本章思维导图

2. 学习要点

要点 1：逻辑运算符与逻辑表达式

逻辑运算符共有 3 个，分别是&&（逻辑与）、||（逻辑或）和!（逻辑非），其中!是一元运算符，&&和||是二元运算符。!的优先级最高，&&次之，||最低。

逻辑表达式是指用逻辑运算符将关系表达式或逻辑量连接起来的表达式。逻辑表达式的值有真和假两种。C 语言以非零表示逻辑真，以零表示逻辑假。若逻辑表达式的结果为真，则逻辑表达式的值为 1；否则为 0。逻辑运算符的相关介绍如表 1-4-1 所示。

表 1-4-1　　　　　　　　　　　　　逻辑运算符的相关介绍

对象数	名称	运算符	运算对象	运算结果
一元	逻辑非	!	逻辑值	逻辑值
二元	逻辑与	&&		
	逻辑或	||		

要点 2：逻辑运算的短路条件

对于形如 a&&b 的表达式，只有当 a 为真时才将 a 与 b 的值进行相与运算，否则可直接得出 a&&b 的计算结果为假，表达式 b 不执行。

对于形如 a||b 的表达式，只有当 a 为假时才将 a 与 b 的值进行相或运算，否则可直接得出 a||b 的结果为真，表达式 b 不执行。

要点 3：单分支控制语句

if 单分支语句的一般语法格式如下。

```
if(条件)
    语句;
```

其执行过程为：先判断条件是否为真（非 0），若为真则执行其后的语句，否则不执行其后的语句。

这里的条件可以是任意类型的表达式，但常用的是关系表达式或逻辑表达式；"if(条件)"与紧跟其后的语句构成完整的 if 语句，因此不要在"if(条件)"后面加";"，否则"if(条件)"控制的语句是空语句。

要点 4：双分支控制语句

if 双分支语句的一般语法格式如下。

```
if(条件) 语句1;
    else
        语句2;
```

其执行过程为：先判断条件是否为真，如果为真（非 0）则执行语句 1，否则执行语句 2；if 与 else 分支均只能控制一条语句，如果有多个语句要被 if 分支或 else 分支控制，则需要使用复合语句。

要点 5：多分支控制语句

C 语言规定，在 if 分支语句的各个语句组中也可以出现 if 语句或 switch 语句，在 switch 语句的各个分支中也可以出现 if 语句和 switch 语句，利用这种嵌套可以实现多分支控制结构。

在使用嵌套的 if else 语句时，一定要注意 if 语句与其对应的 else 语句的配对关系；通常，else 语句与其上方的离其最近且尚未与其他 else 语句匹配的 if 语句配对。

要点 6：条件运算符

条件运算符由符号"?"和符号":"组成，两个符号必须按下列语法格式使用。

表达式 1?表达式 2:表达式 3；

其执行过程为：先计算表达式 1 的值，如果表达式 1 的值为真（非 0），则将表达式 2 的值作为整个条件表达式的值；否则，将表达式 3 的值作为整个条件表达式的值。

要点 7：switch case 多分支语句

switch case 语句的语法格式如下。

```
switch(表达式)
{
    case 常量表达式 1:语句序列 1
    case 常量表达式 2:语句序列 2
    ...
    case 常量表达式 n:语句序列 n
    default:语句
}
```

在使用 switch case 语句时需要注意以下事项。

（1）switch 后面必须跟由()括起来的整型表达式。C 语言把字符当成整型数据来处理，因此，在 switch case 语句中可以对字符进行比较。

（2）所有分支包含在一对{ }中，每个分支的开头都有一个标号，语法格式如下。

```
case 常量表达式:
```

（3）常量表达式中不能包含变量和函数调用表达式，且其值必须是整数。每个分支标号的后面可以跟任意数量的语句，且不需要用花括号把这些语句括起来。

（4）switch case 语句执行时从上至下依次将 switch( )中表达式的值与每个分支的常量表达式进行匹配，一旦与某一常量表达式相等，就从该标号后的语句开始执行，直至遇到 break 语句或 switch case 语句结束符"}"为止。

（5）当所有 case 分支的常量表达式匹配均不成功时，程序跳转到 default 分支开始执行，直至遇到 break 语句或 switch case 语句结束符"}"为止。default 语句可以不存在，而且如果 switch( )中表达式的值和任何一个 case 分支的常量表达式都不匹配时，则会直接执行 switch case 语句后面的语句。

（6）同一个 switch case 语句里，所有 case 分支的常量表达式不能相同，但 case 分支的顺序没有特殊要求，且 default 分支不一定要放置在最后。

要点 8：while 循环控制语句

while 循环控制语句的语法格式如下。

```
while(条件)
{
    循环体;
}
```

当条件为真时，while 后的循环体将被重复执行（即{ }内的语句序列），直到条件为假，程序跳转到循环体语句块之后的语句并执行。

while 语句经常用于事先不确定循环次数的条件循环控制，需要注意的是，在"(条件)"后不需要加";"，否则空语句将作为循环体。

要点 9：for 循环控制语句

for 循环控制语句的语法格式如下。

```
for(表达式 1;表达式 2;表达式 3)
{
    循环体;
}
```

表达式 1 一般用于对计数变量赋初值，仅在进入 for 循环时执行一次。

表达式 2 是循环条件表达式，一般为关系表达式或逻辑表达式。在每次执行循环体前对其进行判断，若它为真，则执行循环体；若它为假，则结束循环，程序跳转到 for 语句之后。

表达式 3 一般为修改计数变量的表达式，每执行完一次循环体后自动执行一次，然后判断表达式 2 是否为真，若为真，则再次执行循环体。重复这个过程，直到表达式 2 为假时结束循环。

要点 10：do while 循环控制语句

do while 循环控制语句的语法格式如下。

```
do
{
    循环体;
}while(条件);
```

do while 语句与 while 语句的差别在于 do while 语句是先执行循环体再判断条件的，若条件为真，则重复执行循环体。因此，do while 语句至少执行一次循环体，而 while 语句控制的循环体有可能一次也不执行。

要点 11：break 语句

break 语句用于提前中断循环，通常它与条件语句一起使用，其语法格式如下。

```
if(条件) break;
```

在循环体中执行 break 语句后，循环体中的剩余语句将被跳过，程序直接跳转到循环体之外。

要点 12：continue 语句

continue 语句的语法格式如下。

```
continue;
```

continue 语句也常与条件语句一起使用，其语法格式如下。

```
if(条件) continue;
```

continue 语句的功能是结束本次循环。对于 for 循环语句，执行 continue 语句之后会跳过循环体中的剩余语句，转向执行"表达式 3"的计算；对于 while 和 do while 循环语句，执行 continue 语句之后会跳过循环体中的剩余语句，转向执行循环条件的判定。

三、典型例题分析

【例 1】设有语句"int a=2,b=3,c=4 ;"，则下列选项中值为 0 的表达式是（　　　）。

A．(!a==1)&&(!b==0)　　B．(a<b)&&!c||1　　C．a&&b　　　　D．a||(b+b)&&(c-a)

【解析】答案为 A。本题主要考核逻辑运算符的使用方法。A 选项中 a 的初始值为 2，即为真，!a 为假，因此!a==1 为假，即值为 0。

【例 2】下列程序运行后的输出结果是（　　　）。

```
#include <stdio.h>
int main()
{
    int i=1,j=2,k=3;
    if(i++==1&&(++j==3||k++==3))
        printf("%d %d %d\n",i,j,k);
}
```

A．1 2 3　　　　　　B．2 3 4　　　　　C．2 2 3　　　　　D．2 3 3

【解析】答案为 D。本题主要考核逻辑运算的短路条件。"i++==1"为真，此时 i 的值为 2；继续执行"++j==3"，执行"++j"后 j 变为 3，所以"++j==3"为真；"++j==3||k++==3"逻辑短路，"k++==3"不再执行，因此 k 的值为 3 保持不变。

【例 3】执行下面的程序段后，k 的值为（　　　）。

```
int k=0,a=1,b=2,c=3;
k=a<b?b:a;
k=k>c?c:k;
```

A．3　　　　　　　B．2　　　　　　　C．1　　　　　　　D．0

【解析】答案为 B。本题主要考核条件运算符的使用方法。由于 a<b，因此"k=a<b?b:a;"等价于"k=b;"，执行该语句后 k 的值为 2。此时，k>c 为假，"k=k>c?c:k;"等价于"k=k;"，因此 k 的值为 2。

【例 4】下列程序运行后的输出结果是（　　　）。

```
#include <stdio.h>
int main()
{
    int a=50,b=40,c=30,d=20;
    if(a>b>c)
        printf("%d\n",d);
    else if((c-10>=d)==1)
            printf("%d\n",d+10);
        else
            printf("%d\n",d+20);
    return 0;
}
```

A．20　　　　　　　B．30　　　　　　　C．40　　　　　　　D．编译时有错，无法运行

【解析】答案为 B。本题主要考核关系运算符的使用方法。关系运算符">"具有左结合性，表达式"a>b>c"的计算顺序：先计算"a>b"，结果为真（值为 1），再计算"1>c"，结果为假（值为 0）。执行第 1 个 if 语句中的 else 分支语句，由于"(c-10>=d)"为真（值为 1），因此执行"printf("%d\n",d+10);"语句，输出结果为 30。

【例 5】有下列程序段：

```
int n,t=1,s=0;
scanf("%d",&n);
do{
        s=s+t;
        t=t-2;
}while(t!=n);
```

为使上述程序段不陷入死循环，从键盘输入的数据应该是（　　　）。

A．任意正奇数　　　B．任意负偶数　　　C．任意正偶数　　　D．任意负奇数

【解析】答案为 D。本题主要考核 do while 循环控制语句的使用方法。第一次执行循环体后 t 的值为-1，以后每执行一次循环体，t 的值都减 2，因此，t 的值为负奇数。A、B、C 这 3 个选项均会使程序段陷入死循环。

【例 6】以下不是死循环语句的是（　　　）。

A．for (; ; x+=i);　　　　　　　　B．while (1) {x++;}

C．for (i=10; ;i——) sum+=i;　　　D．for (; (c=gechar())!='\n';) printf("%c",c);

【解析】答案为 D。本题主要考核 for 循环、while 循环控制语句的使用方法。在 for 循环语句中，当表达式 2 为空时，循环条件永远为真，此时 for 循环语句为死循环语句。

【例 7】下列程序运行后的输出结果是（　　　）。

```
#include <stdio.h>
int main()
{
    int a=1,b;
    for(b=1;b<=10;b++)
        {   if(a>=8) break;
            if(a%2==1)
                {a+=5;  continue;}
            a=3;
        }
    printf("%d\n",b);
}
```

A．3　　　　　　　B．4　　　　　　　C．5　　　　　　　D．6

【解析】答案为 B。本题主要考核 for 循环语句与程序跳转语句。第 1 次执行循环时，a、b 的值均为 1，执行完后，a 的值为 6，b 的值为 2；第 2 次执行循环后，a、b 的值均为 3；第 3 次执行循环后，a 的值为 8，b 的值为 4；第 4 次执行循环时，由于"a>=8"为真，故执行 break 语句。因此，最终 b 的值为 4。

【例 8】有下列程序：

```
#include <stdio.h>
int main()
{
    int k=5,n=0;
    while(k>0)
        { switch(k)
            {
                default:break;
                case 1: n+=k;
                case 2: case 3: n+=k;
            }
            k--;
        }
        printf("%d\n",n);
}
```

程序运行后的输出结果是（　　　）。

A. 0　　　　　　　B. 4　　　　　　C. 6　　　　　　D. 7

【解析】答案为 D。本题主要考核 switch case 语句的使用方法。

第 1 次执行循环时，k 的值为 5，n 的值为 0，执行 switch 语句中的 default 分支语句来跳出 switch 语句后，执行"k--;"语句，此时 k 的值为 4，n 的值仍为 0。

第 2 次执行循环语句，仍执行 default 分支语句，跳出 switch 语句后，执行"k--;"语句，此时 k 的值为 3，n 的值仍为 0。

第 3 次执行循环语句，执行 case 3 分支语句，即"n+=k;"语句，此时 n 的值为 3，跳出 switch 语句后，执行"k--;"语句，此时 k 的值为 2。

第 4 次执行循环语句，执行 case 2 分支语句，即"n+=k;"语句，此时 n 的值为 5，跳出 switch 语句后，执行"k--;"语句，此时 k 的值为 1。

最后一次执行循环语句，执行 case 1 分支语句，即"n+=k;"语句，此时 n 的值变成 6，再执行 case 2: case 3:分支语句，即"n+=k;"语句，此时 n 的值变为 7，跳出 switch 语句后，k 减 1，其值变为 0，至此循环结束。

最后输出 n 的值为 7。

【例 9】有下列程序：

```
#include <stdio.h>
int main()
{
    int s=0,a=20,n;
    scanf("%d",&n);
    do
    {
        s+=10;
        a-=20;
    }while(a!=n);
    printf("%d\n",s);
    return 0;
}
```

若要使程序的输出结果为 40，则应该从键盘输入的值是_____。

【解析】答案为-60。本题主要考核 do while 语句的使用方法。由上述程序可知，s 的初始值为 0，要让 s 的输出结果为 40，显然需要重复执行 4 次循环。每次循环执行后，变量 a 的值递减

20，因其初始值为 20，故 4 次循环执行后其值为-60，据此可知从键盘输入的值应该为-60。

【**例 10**】下面的程序用于对从键盘上接收的内容分别进行字符数、单词数、行数的统计。例如，在程序运行时输入"I am preparing for↙

the computer level exam. ↙

What are you? ↙

^Z↙"　　　　　　　　　　　　（^Z 代表快捷键 Ctrl+Z，其 ASCII 值为-1）

则程序的输出结果是"line=3 word=10 charactor=57"。

请在横线上填上适当语句或表达式。

```
#include <stdio.h>
int main()
{
    int c,n_line=0,n_word=0,n_char=0,inword=0;
    while((c=getchar())!=EOF)                    //EOF 常量的值为-1
    {
        n_char++;                                //字符数加 1
        if(c=='\n')    n_line++;                  //行数加 1
        if(c==' '||c=='\t'||_____(1)_____)      //单词以空格、制表符或回车符分隔
            _____(2)_____;
        else if(inword==0)
            {
                _____(3)_____;
                n_word++;                        //单词数加 1
            }
    }
    printf("line=%d word=%d charactor=%d\n",n_line,n_word,n_char);
    return 0;
}
```

【**解析**】答案为：（1）c=='\n';（2）inword=0;（3）inword=1。本题主要考核循环及分支控制语句的正确使用方法。

四、自测题

（一）单项选择题

1. 与语句"while(!x)"等价的语句是（　　　）。

　　A. while(x==0)　　　B. while(x!=0)　　　C. while(x!=1)　　　D. while(~x)

2. 下列程序运行后的输出结果是（　　　）。

```
#include <stdio.h>
int main()
{
    int  i,j;
    for(i=3;i>=1;i--)
        { for(j=1;j<=2;j++)
               printf("%d",i+j);
            printf("\n");
        }
}
```

　　A. 2 3 4　　　　　B. 2 3　　　　　　C. 4 3 2　　　　　D. 4 5

　　　3 4 5　　　　　　3 4　　　　　　　5 4 3　　　　　　3 4

　　　　　　　　　　　4 5　　　　　　　　　　　　　　　　2 3

3. 下列程序运行后的输出结果是（　　　）。

```
#include <stdio.h>
int main()
{   int i,j;
```

```
    for(i=1;i<4;i++)
    {
        for(j=i;j<4;j++)
            printf("%d*%d=%d ",i,j,i*j);
        printf("\n");
    }
}
```

A. 1*1=1 1*2=2 1*3=3
   2*1=2 2*2=4
   3*1=3

B. 1*1=1 1*2=2 1*3=3
   2*2=4 2*3=6
   3*3=9

C. 1*1=1
   1*2=2 2*2=4
   1*3=3 2*3=6 3*3=9

D. 1*1=1
   2*1=2 2*2=4
   3*1=3 3*2=6 3*3=9

4. 在运行下面的程序时，如果从键盘输入"65 14↙"，则输出结果是（　　　　）。

```
#include <stdio.h>
int main()
{
    int m,n;
    printf("输入两个整数:");
    scanf("%d%d",&m,&n);
    while(m!=n)
    {
        while(m>n) m=m-n;
        while(n>m) n=n-m;
    }
    printf("%d\n",m);
    return 0;
}
```

A. 3　　　　　　　B. 2　　　　　　　C. 1　　　　　　　D. 0

5. 运行下面的程序，输出结果是（　　　　）。

```
#include <stdio.h>
int main()
{
    int x=3;
    do
    {
        printf("%d",x-=2);
    }while(!(--x));
    return 0;
}
```

A. 1　　　　　　　B. 30　　　　　　C. 1-2　　　　　　D. 死循环

6. 运行下面的程序，输出结果是（　　　　）。

```
#include <stdio.h>
int main()
{
    int k,j,m;
    for(k=5;k>=1;k--)
    {
        m=0;
        for(j=k;j<=5;j++)
            m=m+k*j;
    }
    printf("%d\n",m);
    return 0;
}
```

A. 124　　　　　　B. 25　　　　　　C. 36　　　　　　D. 15

7. 有下列程序：

```
#include <stdio.h>
int main()
{
    int i;
    for(i=1;i<=40;i++)
    {
        if(i++%5==0)
            if(++i%8==0) printf("%d",i);
    }
    printf("\n");
}
```

上述程序运行后，输出结果是（   ）。

    A. 5   B. 24   C. 32   D. 40

8. 运行下面的程序，输出结果是（   ）。

```
#include <stdio.h>
int main()
{
    int k=1;
    char c='A';
    do
    {
        switch(c++)
        {
            case 'A':    k++;        break;
            case 'B':    k--;
            case 'C':    k+=2;       break;
            case 'D':    k=k%2;      continue;
            case 'E':    k=k*2;      break;
            default:     k=k/3;
        }
        k++;
    }while(c<'F');
    printf("k=%d\n",k);
    return 0;
}
```

    A. k=1   B. k=15   C. k=12   D. k=0

9. 在运行下面的程序时，若输入"2473↙"，则程序的输出结果是（   ）。

```
#include <stdio.h>
int main()
{
    int c;
    while((c=getchar())!='\n')
    {
        switch(c-'2')
        {
            case 0:
            case 1:      putchar(c+4);
            case 2:      putchar(c+4); break;
            case 3:      putchar(c+3);
            default:     putchar(c+2); break;
        }
    }
    printf("\n");
    return 0;
}
```

    A. 6688766   B. 6677877   C. 668966   D. 668977

10. 运行下面的程序，输出结果是（   ）。

```
#include <stdio.h>
int main()
{
```

```
        int i,j,x=0;
        for(i=0;i<2;i++)
        {
                x++;
                for(j=0;j<=3;j++)
                    {
                            if(j%2)  continue;
                            x++;
                    }
                x++;
        }
        printf("x=%d\n",x);
        return 0;
}
```

  A. 4   B. 8   C. 6   D. 12

（二）填空题

1. 设有语句 "char ch='B';"，则 "(ch>='A' && ch<='Z') ?ch+32:ch;" 的值是_____。

2. "n 是大于 10 且小于 50 的奇数" 的 C 语言逻辑表达式是_____。

3. 有语句 "int i,n;"，则表达式 "n=i=2,++i,i++" 的值为_____。

4. 有语句 "for(s=1.0,k=1;k<=n;k++) s=s+1.0/(k*(k+1)); printf("s=%f\n\n",s);"，请填空，使下列语句的功能与之完全相同：语句为 "s=1.0;k=1; while(（1）){s=s+1.0/(k*(k+1)); （2） ;}printf("s=%f\n\n",s);"。

5. 设有变量定义语句 "int a=1,b=10;"，则执行下面的循环语句后，a 的值为 （1） ，b 的值为 （2） 。

```
do
{
    b-=a;
    a++;
}while(b--<0);
```

6. 已知判断某一年 year 为闰年，需满足下列条件之一。

（1）year 能被 4 整除，但不能被 100 整除。

（2）year 能被 400 整除。

上述条件可以用 C 语言的逻辑表达式表示为_____。

（三）程序阅读题

1. 下列程序运行后，输出结果是_____。

```
#include <stdio.h>
int main()
{
    int a,b,c;
    a=10;  b=20;
    c=(a%b<1)||(a/b>1);
    printf("%d,%d,%d\n",a,b,c);
}
```

2. 下列程序运行后，输出结果是_____。

```
#include <stdio.h>
int main()
{
    int a=1,b=2,c=3,t;
    if(a<b)    t=a;a=b;b=t;
    if(a<c)    t=a;a=c;c=t;
    printf("%d%d%d",a,b,c);
    return 0;
}
```

3. 下列程序运行后，输出结果是_____。

```
#include <stdio.h>
int main()
```

```
{
    int x=1,y=0,a=10,b=20;
    switch(x)
    {
        case 1: switch(y)
                    {
                        case 0:a++; break;
                        case 1:b++; break;
                    }
        case 2:a++; b++; break;
    }
    printf("%d%d\n",a,b);
    return 0;
}
```

4. 在下面的程序运行时，若输入"12345√"，则程序的输出结果是＿＿＿＿＿＿＿。

```
#include <stdio.h>
int main()
{
    int a,b;
    scanf("%d",&a);
    while(a)
    {
        b=a%10;
        a=a/10;
        printf("%d",b);
    }
    return 0;
}
```

5. 下面程序的输出结果是＿＿＿＿＿＿＿。

```
#include <stdio.h>
int main()
{
    int i,j,sum=0;
    for(i=3;i>=1;i--)
        {
            for(j=1;j<=i;j++)
                    sum+=i*j;
        }
        printf("%d\n",sum);
    return 0;
}
```

6. 在下面的程序运行时，若输入"1abcdef234A√"，则程序的输出结果是＿＿＿＿＿＿＿。

```
#include <stdio.h>
int main()
{
    char a=0,ch;
    while((ch=getchar())!='\n')
    {
        if(a%2!=0&&(ch>='a'&&ch<='z'))
            ch=ch-('a'-'A');
        a++;
        putchar(ch);
    }
    printf("\n");
    return 0;
}
```

（四）程序填空题

1. 下列程序的功能是计算 $s=1+12+123+1234+12345$ 的值，请填空。

```
#include <stdio.h>
int main()
{
    int t=0,s=0,i;
    for(i=1;i<=5;i++)
```

```
        {
            t=i+_____;
            s=s+t;
        }
        printf("s=%d\n",s);
}
```

2. 下面程序的功能是把输入的十六进制整数（A～F 忽略大小写）转换成对应的十进制数并输出，请在横线上填上适当的语句或表达式。

```
#include <stdio.h>
int main()
{
    char c;
    long flag=1,term=1,s=0,d;
    while((c=getchar())!='\n'&&flag==1)
    {
        if(c>='0'&&c<='9'||c>='A'&&c<='F'||_____(1)_____)
        {
            if(c>='0'&&c<='9') d=c-'0';
            else if(c>='A'&&c<='F') d=_____(2)_____;
                else d=_____(3)_____;
            s=s+term*d;
            term=_____(4)_____;
        }
        else
            _____(5)_____;
    }
    if(flag==1) printf("对应的十进制数是：%ld\n",s);
    else printf("输入数据非法! \n");
    return 0;
}
```

3. 下面程序的功能是输入 n 的值，输出高和上底均为 n 的等腰空心梯形，请在横线上填上适当的语句或表达式。

例如，分别输入 3 和 6，输出结果分别如图 1-4-2 和图 1-4-3 所示。

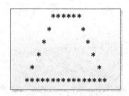

图 1-4-2　高和上底为 3 的等腰空心梯形　　　图 1-4-3　高和上底为 6 的等腰空心梯形

```
#include <stdio.h>
int main()
{
    int i,j,n;
    printf("请输入等腰梯形的高（>1）: ");
    scanf("%d",&n);
    if(n>1)
    {   //输出第一行
        for(j=1;j<=40;j++)
            printf(" ");                    //输出前导空格
        for(j=1;_____(1)_____;j++)      //输出第一行的“*”符号
            printf("*");
        printf("\n");

        for(i=2;_____(2)_____;i++)      //输出中间的 n-2 行
        {
            for(j=1;j<=40-i+1;j++)          //输出前导空格
                    printf(" ");
            printf("*");
            for(j=1;j<n+2*(i-1)-1;j++)
```

```
                            printf(" ");
                    printf("*\n");
            }
            //输出最后一行
            for(j=1;j<=40-n+1;j++)                    //输出前导空格
                    printf(" ");
            for(j=1;j<=_____(3)_____;j++)            //输出最后一行的"*"符号
                    printf("*");
            printf("\n");
    }
    return 0;
}
```

4. 下列程序的功能是在输入任意整数 n（n≤6）后，输出 n 行由大写字母 A 开始顺序排列的三角形字符阵列。例如，输入"5"，程序输出结果如下。

```
ABCDE
FGHI
JKL
MN
O
```

请填空。

```
#include <stdio.h>
int main()
{
    int i,n;
    char ch='A';
    printf("请输入行数：");
    scanf("%d",&n);
    if(n>1&&n<=6)
    {
        while(n>=1)
        {
            for(i=1;i<=n;i++)
                    printf("%c",_____(1)_____);
                    _____(2)_____;
            n--;
        }
    }
    else printf("输入的n不符合要求！\n");
    return 0;
}
```

5. 下面的程序用于将一个正整数分解质因数。例如，输入"72"，程序输出"72=2*2*2*3*3"。请填空。

```
#include <stdio.h>
int main()
{
    int first=1;
    int n,i;
    i=2;
    printf("请输入一个正整数:");
    scanf("%d",&n);
    printf("%d=",n);
    while(n!=1)
    {
        if(n%i==0)
        {
            if (first)
            {
                _____(1)_____;
                printf("%d",i);
```

```
            }
            else
                _____(2)_____;
            n/=i;
            }
        else i++;
    }
    return 0;
}
```

6. 下面程序的功能是输入一个学生的成绩（范围为 0～100 分，超出此范围则输出错误信息），进行 5 级评分并输出评分结果，请填空。

```
#include <stdio.h>
int main()
{
    int score;
    printf("请输入考试分数:");
    scanf("%d",&score);
    printf("%d->",score);
    if(_____(1)_____)
        switch( ____(2)____ )
            {  case 9:
               case 10: printf("Excellent \n");     break;
               case 8: printf("Good \n");           break;
               case 7: printf("Middle \n");         break;
               case 6: printf("Pass \n");      ____(3)____;
               default: printf("No pass\n");
            }
        else printf("Input error! \ n");
    return 0;
}
```

7. 下面的程序用于根据下式计算 s 的值，要求精确到最后一项的绝对值小于 10^{-5}，请填空。

$$s = 1 - \frac{2}{3} + \frac{3}{7} - \frac{4}{15} + \frac{5}{31} - \cdots + (-1)^{n+1}\frac{n}{2^n-1}$$

```
#include <stdio.h>
int main()
{
    double s,w,sign=1,x=2;
    int i=2;
    ____(1)____;
    while(w>=1e-5)
    {
        sign=-sign;
        x=x*2;                        //计算 2 的 n 次幂
        w=____(2)____;
        s+=sign*w;
        i++;
    }
    printf("s=%f\n",s);
    return 0;
}
```

8. 下面程序的功能是输出 1～999 的所有素数，并统计一共输出了多少个素数，要求每行输出 10 个素数，请填空。

```
#include <stdio.h>
#include <math.h>
int main()
{
    int n,k,i,count;                 //count 是统计素数个数的计数变量
    count=1;
    printf("%5d",2);                 //输出素数 2
    for(n=3;n<1000;n+=2)
        {
```

```
        k=(int)sqrt(n);
        for(i=2;i<=k;i++)
            if(n%i==0)    _____(1)_____;
        if(i>k)            //判断 n 是不是素数
            {
                printf("%5d",n);
                count=_____(2)_____;        //素数个数加 1
                if(_____(3)_____)   printf("\n");
            }
    }
    printf("\n 共输出%d 个素数! \n",count);
    return 0;
}
```

（五）程序设计题

1. 编写查询投诉电话的程序。程序显示的投诉电话查询菜单如图 1-4-4 所示，输入编号 1～9，则显示相应的投诉电话；若输入 0，则退出查询程序；若输入其他编号，则显示 "输入信息有误"。

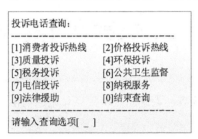

```
投诉电话查询:
---------------------------------
[1]消费者投诉热线    [2]价格投诉热线
[3]质量投诉          [4]环保投诉
[5]税务投诉          [6]公共卫生监督
[7]电信投诉          [8]纳税服务
[9]法律援助          [0]结束查询
---------------------------------
请输入查询选项[ _ ]
```

图 1-4-4　投诉电话查询菜单

2. 编写程序，实现从键盘输入一批学生的 C 语言程序设计考试成绩，计算平均成绩，并统计不及格学生人数。

3. 编写程序，实现输入一个双精度实数 x，计算并输出下式的值，要求精确到最后一项的绝对值小于 10^{-5}。（保留两位小数。）

$$s = 1 + x + \frac{x^2}{2!} + \frac{x^3}{3!} + \frac{x^4}{4!} + \cdots$$

4. 编写程序实现输出图 1-4-5 所示的九九乘法表。

```
1 2 3 4 5 6 7 8 9
- - - - - - - - -
1
2 4
3 6 9
4 8 12 16
5 10 15 20 25
6 12 18 24 30 36
7 14 21 28 35 42 49
8 16 24 32 40 48 56 64
9 18 27 36 45 54 63 72 81
```

图 1-4-5　九九乘法表

5. 如果整数 A 的全部因子（包括 1，不包括 A 本身）之和等于 B，且整数 B 的全部因子（包括 1，不包括 B 本身）之和等于 A，则将整数 A 和 B 称为一对亲密数。编写程序，实现输出 3000 以内的全部亲密数，并统计一共输出了多少对亲密数。

6. 已知一个首项大于 0 的等差数列的前 4 项之和为 26，前 4 项之积为 880，求出此数列（通过编程实现，输出前 20 项）。

第5章
函数及其应用

一、本章学习要求

（1）了解 C 语言函数的分类。

（2）掌握无参函数、有参函数、无返回值函数、有返回值函数的定义与调用方法。

（3）了解函数声明的方法。

（4）理解函数参数的传递方式。

（5）理解函数嵌套调用的方法。

（6）初步掌握模块化程序设计的基本思想，并能应用自顶向下方法进行问题求解。

（7）掌握递归程序执行过程的分析方法。

（8）熟练应用递归算法求解递归问题。

二、本章思维导图及学习要点

1. 思维导图

本章思维导图如图 1-5-1 所示。

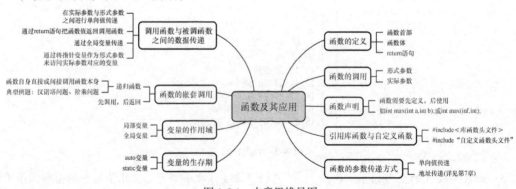

图 1-5-1　本章思维导图

2. 学习要点

要点 1：函数的定义与返回值

函数是用于完成特定功能的程序模块，是构成 C 语言程序的基本单位。程序的功能是通过函数及函数调用来实现的，函数是实现模块化程序设计的重要手段。C 语言中的所有函数都是平行的，即不能在一个函数内部定义另一个函数。main( )函数是 C 语言程序的唯一执行入口，而其他函数必须直接或间接地被 main( )函数调用才能执行，在 main( )函数中结束整个程序的运行。

函数定义由**函数首部和函数体**两部分组成。函数首部用于说明函数的返回值类型、函数名及形式参数；函数体一般包括变量声明和语句序列。

函数的返回值必须通过"return (表达式)"来返回，其中表达式就是函数的返回值。如果没有 return 语句或 return 语句不带表达式，并不表示没有返回值，而是表示返回一个不确定的值。如果不希望有返回值，则必须在定义函数时把数据类型说明符设置为 void。

要点 2：形式参数

函数名后的一串参数称为形式参数。**形式参数**（以下简称形参）用于从主调函数向被调函数传递加工对象，形参间用逗号进行分隔。形参属于函数的局部变量，当函数被调用时为其分配空间，当函数调用结束时局部变量占用的空间被释放。

函数可以没有形参。

要点 3：实际参数

调用函数时函数名后的参数列表称为实际参数。**实际参数**（以下简称实参）可以是表达式、常量或变量，甚至是函数调用本身。

要点 4：函数的调用

有返回值的函数调用可以作为表达式或表达式的一部分，也可以作为一条语句。函数调用由函数名和跟随其后的实参组成，其一般语法格式如下。

```
函数名(实参列表);
```

返回类型非 void 的函数调用会返回一个值，这类函数调用通常可构成新的表达式或作为其他函数调用的参数。

在调用函数时，先计算实参的值，然后将其值赋给对应的形参。若函数没有形参，则调用函数时不需要实参。

可在返回类型为 void 的函数调用之后加上分号，作为独立的语句来使用。

要点 5：函数声明

函数声明的具体用法是，在调用函数前声明函数，而函数的完整定义以后再给出。函数声明类似于函数首部，不同之处是其结尾处有分号，其一般语法格式如下。

```
返回类型　函数名(类型 参数1,类型 参数2…);
```

或

```
返回类型　函数名(类型,类型…);
```

上述声明又称函数原型，注意，函数原型必须与函数的定义一致。

在 C 语言中，除 main( )函数外，用户自定义函数要遵循"先定义，后使用"的规则。

（1）在调用库函数时，需要在程序的开头包含相应的头文件。

（2）当被调函数定义在主调函数之前时，被调函数的声明可以省去。

要点 6：主调函数和被调函数之间的数据传递

在 C 语言中，主调函数和被调函数之间的数据通常使用以下 4 种方式进行传递。

（1）在实参和形参之间进行单向值传递。

（2）通过 return 语句把函数值返回调用函数。

（3）通过全局变量传递。

（4）通过将指针变量作为形参来访问实参对应的变量（详见第 7 章）。

要点 7：函数的嵌套调用与递归调用

C 语言中函数的定义是平行的，不允许嵌套定义函数，但允许嵌套调用函数，即在一个函数被调用的过程中可以调用另一个函数。

函数直接或间接调用函数本身称为函数的**递归调用**。学习时要掌握递归程序执行过程的分析方法，并能应用递归方法实现与递归有关的算法。

要点 8：变量的作用域与生存期

学习时要掌握局部变量与全局变量的作用域，以及自动变量与静态变量的生存期。

auto 是 C 语言变量声明时默认的存储类型，即当变量声明为默认存储类型时，该变量为 auto 类型。这种变量的特点是，使用时为其分配空间，函数调用或作用域结束时空间被释放。

静态变量存储在内存的静态存储区中，在程序编译时由系统分配存储空间，若不对静态变量进行初始化，它将被自动初始化为 0，且仅被初始化一次。静态变量的生存期与整个程序的运行期相同。静态变量在整个程序运行期间始终占用同一个存储位置。

三、典型例题分析

【例 1】下列程序运行后，输出结果是（   ）。

```c
#include <stdio.h>
int f1(int x,int y)      { return x>y?x:y; }
int f2(int x,int y)      { return x>y?y:x; }
int main()
{
    int a=4,b=3,c=5,d=2,e,f,g;
    e=f2(f1(a,b),f1(c,d));
    f=f1(f2(a,b),f2(c,d));
    g=a+b+c+d-e-f;
    printf("%d,%d,%d\n",e,f,g);
    return 0;
}
```

  A. 4,3,7   B. 3,4,7   C. 5,2,7   D. 2,5,7

【解析】答案为 A。本题考核函数的调用与返回值。函数 f1( ) 的功能是返回 x 与 y 中的较大值，函数 f2( ) 的功能是返回 x 与 y 中的较小值。因此，f1(a,b) 的返回值为 4，f1(c,d) 的返回值为 5，语句 "e=f2(f1(a,b),f1(c,d));" 执行后 e 的值为 4；f2(a,b) 的返回值为 3，f2(c,d) 的返回值为 2，语句 "f=f1(f2(a,b),f2(c,d));" 执行后 f 的值为 3。由此可计算出 g 的值为 7。

【例 2】下列程序运行后，输出结果是（   ）。

```c
#include <stdio.h>
void f(int n)
{
    int a=1,b;
    for(b=1;b<=n;b++)
    {   if(a>=8) break;
        if(a%2==1)
                { a+=5; continue;}
        a=3;
    }
    printf("%d,",b);
    n=0;
}
int main()
{
    int n=100;
```

```
    f(n);
    printf("%d",n);
    return 0;
}
```

  A. 3,100   B. 4,0   C. 4,100   D. 5,0

  【解析】答案为 C。本题结合函数考核程序跳转语句的正确使用方法。

  调用函数 f(n)时，主函数中 n 的值（100）会被赋给 f( )函数的形参 n；进入 f( )函数的 for 循环后，第 1 次执行循环时，a 的值为 1，执行"a+=5;"语句后，其值为 6，进入第 2 次循环，b 的值为 2。

  第 2 次执行循环时，由于 a 的值为偶数，a 的值被赋为 3 并进入下一次循环，b 的值为 3。

  第 3 次执行循环时，a 的值为 3，执行"a+=5;"语句后，a 的值为 8；遇到 continue 语句，执行 for 循环的表达式 3，即"b++"，此时 b 的值为 4，循环条件为真，继续执行第 4 次循环，由于 a≥8，因此执行"break;"语句结束循环；输出 b 的值后，函数的形参 n 为 0。

  由于实参向形参的传递为单向数据传递，因此 main( )函数中的 n 保持不变，仍为 100。

  【例 3】有下列程序：

```
#include <stdio.h>
int fun(int x,int y)
{
    return (x+y);
}
int main()
{
    int a=1,b=2,c=3,sum;
    sum=fun((a++,b++,a+b),c++);
    printf("%d\n",sum);
    return 0;
}
```

  上述程序执行后，输出结果是（　　）。

  A. 6   B. 7   C. 8   D. 9

  【解析】答案为 C。本题结合函数考核逗号表达式、自增运算符的使用方法。fun((a++,b++,a+b),c++) 函数调用时，第 1 个实参为逗号表达式"a++,b++,a+b"，逗号表达式从左到右依次进行计算，a++ 执行后，a 的值为 2，b++执行后，b 的值为 3，因此，a+b 的值为 5，该值作为逗号表达式的值传递给形参 x。第 2 个实参为 c++，先将 c 的值传递给形参 y，再将 c 的值自增 1，因此，形参 y 在调用时被赋值为 3，函数返回值为 8。

  【例 4】下列程序运行后，输出结果是（　　）。

```
#include <stdio.h>
int a=2;
int f(int n)
{   static int a=3;
    int t=0;
    if(n%2)
        {   static int a=4; t+=a++;}
    else {   static int a=5; t+=a++;}
    return  t+a++;
}
int main()
{
    int s=a,i;
    for(i=0;i<3;i++)
        s+=f(i);
    printf("%d\n",s);
    return 0;
}
```

  A. 24   B. 26   C. 28   D. 29

  【解析】答案为 D。本题考核静态变量与变量的作用域。静态变量仅在分配时赋初值，函数调用结束后，其值将继续保留，直至程序运行结束。由于f( )函数中定义了与全局变量a同名的静态变量，因此全局变量a的作用域在f( )中被屏蔽。而在f( )的内部，if else分支语句中分别定义了同名的静态变量a，它们的作用域限定在各分支的语句块中。

main( )函数中s的初值为2，第一次调用函数f( )，即f(0)，执行的是else分支语句，函数返回值为8；第二次调用函数f( )，即f(1)，执行的是if分支语句，函数的返回值为8；第三次调用函数f( )，即f(2)，执行的是else分支语句，函数的返回值为11，因此，最终s的值为29。

【例5】下列程序运行后，输出结果是（   ）。

```c
#include <stdio.h>
int  fun(int x)
{    int p;
     if(x==0||x==1) return 3;
     p=x-fun(x-2);
     return p;
}
int main()
{
     printf("%d\n",fun(7));
     return 0;
}
```

　　A. 7　　　　　　　　　B. 3　　　　　　　　C. 2　　　　　　　　D. 0

【解析】答案为C。本题考核函数的递归调用，根据函数的代码可知，fun(7)有以下递推关系：fun(7)=7-fun(5)，fun(5)=5-fun(3)，fun(3)=3-fun(1)，fun(1)=3，因此，fun(7)的值为2。

【例6】若在运行下面的程序时输入"1234✓"，则程序的输出结果是＿＿＿＿＿＿＿。

```c
#include <stdio.h>
int sub(int n) { return (n/10+n%10);}
int main()
{
     int x,y;
     scanf("%d",&x);
     y=sub(sub(sub(x)));
     printf("%d\n",y);
     return 0;
}
```

【解析】答案为10。本题考核函数的嵌套调用，sub(1234)的返回值为127，sub(127)的返回值为19，sub(19)的返回值为10，因此，输出结果为10。

【例7】运行下面的程序，若要输出图1-5-2所示的数字矩阵，横线上应该分别填入＿＿＿和＿＿＿。

```
21  22  23  24
17  18  19  20
13  14  15  16
 9  10  11  12
 5   6   7   8
 1   2   3   4
```

图1-5-2　输出的数字矩阵

```c
#include <stdio.h>
int f(int m,int n)
{
     int i,j,x;
     for(j=m;j>=1;j--)
        {
             for(i=1;i<=n;i++)
             {       x=(j-1)*4+__(1)__;
                     printf("%-6d",x);
```

```
                }
                printf("\n");
            }
    }
    int main()
    {
        f(___(2)___);
        return 0;
    }
```

【解析】答案为：（1）i；（2）6,4。根据输出的数字矩阵的规律，容易推出第 1 个空应该填 "i"；由于该数字矩阵共 6 行 4 列，因此在 main( )函数中调用 f( )函数时，传递的实参应该分别为 6 和 4，即第 2 空应该填 "6,4"。

【例 8】下列程序的功能是输出 100 以内（不含 100）能被 3 整除且个位数为 6 的所有整数，请填空。

```
#include <stdio.h>
void f()
{   int i,j;
    for(i=0;i<_____(1)_____;i++)
    {
            j=i*10+6;
            if(j%3!=0) _____(2)_____;
            printf("%5d",j);
    }
}
int main()
{
    f();
    return 0;
}
```

【解析】答案为：（1）10；（2）continue。本题考核循环程序控制与 continue 程序跳转语句的使用方法。根据题意，需要输出 100 以内的数，显然第 1 个空应该填 "10"；当 j 不能被 3 整除时，应该跳过输出 j 的语句，第 2 个空应该填 "continue"。

【例 9】下列程序的功能是输出 100 以内的所有素数，每行输出 10 个数，其中函数 isprime( )的功能是判断 a 是否为素数，若是则返回 1，否则返回 0，请填空。

```
#include <stdio.h>
#include <math.h>
int isprime(int a)
{
    k=(int)sqrt(a);
    for(i=2;i<=k;i++)
        if(a%i==0) _____(1)_____;
        _____(2)_____;
}
int main()
{
    int i,k=0;
    for(i=2;i<=100;i++)
    if(isprime(i))
        {   printf("%5d",i);  k++;
            if(_____(3)_____)   printf("\n");
        }
    return 0;
}
```

【解析】答案为：（1）return 0；（2）return 1；（3）k%10==0。本题结合函数考核素数求解的基本方法。

【例 10】下列程序的 funcos( ) 函数通过公式 $\cos x = \dfrac{x^0}{0!} - \dfrac{x^2}{2!} + \dfrac{x^4}{4!} - \dfrac{x^6}{6!} + \cdots$ 求 $\cos(x)$ 的近似值

（x 的单位为弧度），要求精确到最后一项的绝对值小于 10^{-6}，请填空。

```
#include <stdio.h>
#define PI 3.1415926
double funcos(double x)
{
    double s=1,term=1;
    int sign=-1,n=0;
    while(term>=1.0e-6)
    {
        term=_____(1)_____;        //求当前项
        s=s+sign*term;                    //累加求和
        sign=____(2)____;
        n=n+2;
    }
    return s;
}
int main()
{
    double x;
    printf("请输入要计算的余弦值（度）: ");
    scanf("%lf",&x);
    printf("cos(%.0f)=%.6f\n",x,funcos(x/180*PI));
    return 0;
}
```

【解析】答案为：（1）term*x*x/(n+1)/(n+2)；（2）-sign。本题考核应用迭代法进行数列求和，根据公式 $\cos x = \dfrac{x^0}{0!} - \dfrac{x^2}{2!} + \dfrac{x^4}{4!} - \dfrac{x^6}{6!} + \cdots$，可以确定由当前项计算下一项的递推公式为 term=term*x*x/(n+1)/(n+2)，变量 sign 是用来控制累加项的符号位的，每循环一次，其值的正负交替变换。

四、自测题

（一）单项选择题

1. 在 C 语言中，若未对函数类型显式说明，则函数的默认类型为（　　　）。
   A. void   B. float   C. char   D. int

2. C 语言中的函数（　　　）。
   A. 可以嵌套定义   B. 不可以嵌套调用
   C. 可以嵌套调用，但不能递归调用   D. 嵌套调用与递归调用均可

3. 执行下面的程序，输出结果是（　　　）。

```
#include <stdio.h>
void sum(int a,int b,int c)
{
    c=a+b;
}
int main()
{
    int a=10,b=20,c;
    sum(a,b,c);
    printf("%d\n",c);
    return 0;
}
```

   A. 0   B. 1   C. 30   D. 无法确定

4. 执行下面的程序，输出结果是（　　　）。

```
#include <stdio.h>
void fun(int x,int y)
```

```
{
    x=x+y;
    y=x-y;
    x=x-y;
}
int main()
{
    int x=10,y=20;
    fun(x,y);
    printf("%d,%d",x,y);
    return 0;
}
```

　　A. 20,10　　　　　　B. 10,20　　　　　C. 10,10　　　　　D. 20,20

5. 下列程序运行后，输出结果是（　　　）。

```
#include <stdio.h>
void fun2(char a,char b)
{
    printf("%c%c",a,b);
}
char a='A',b='B';
void fun1()
{   a='C'; b='D';
}
int main()
{
    fun1();
    printf("%c%c",a,b);
    fun2('E','F');
    return 0;
}
```

　　A. CDEF　　　　　　B. ABEF　　　　　C. ABCD　　　　　D. CDAB

6. 下列程序运行后，输出结果是（　　　）。

```
#include <stdio.h>
int fun(int u,int v)
{
    int w;
    while(v)
    {
        w=u%v;
        u=v;
        v=w;
    }
    return u;
}
int main()
{
    int a=24,b=16,c;
    c=fun(a,b);
    printf("%d\n",c);
    return 0;
}
```

　　A. 4　　　　　　　　B. 6　　　　　　　C. 5　　　　　　　D. 8

7. 下列程序运行后，输出结果是（　　　）。

```
#include <stdio.h>
int fun(int x,int y)
{
    if(x==y) return x;
    else return (x+y)/2;
}
int main()
{
    int a=4,b=5,c=6;
```

```
        printf("%d\n",fun(2*a,fun(b,c)));
        return 0;
}
```

　　A. 3　　　　　　　B. 6　　　　　　　C. 8　　　　　　　D. 12

8. 运行下列程序，输出结果是（　　　）。

```
#include <stdio.h>
int fun(int a,int b)
{   if(b==0) return a;
    else return fun(--a,--b);
}
int main()
{
    printf("%d\n",fun(4,2));
    return 0;
}
```

　　A. 4　　　　　　　B. 3　　　　　　　C. 2　　　　　　　D. 1

9. 下列程序运行后，输出结果是（　　　）。

```
#include <stdio.h>
int f(int x)
{
    int y;
    if(x==0||x==1) return (3);
    y=x*x-f(x-2);
    return y;
}
int main()
{
    int z;
    z=f(3);
    printf("%d\n",z);
    return 0;
}
```

　　A. 0　　　　　　　B. 9　　　　　　　C. 6　　　　　　　D. 8

10. 下列程序运行后，输出结果是（　　　）。

```
#include <stdio.h>
int fun(int x,int y)
{
    static int m=0,i=2;
    i+=m+1; m=i+x+y;
    return m;
}
int main()
{
    int j=1,m=1,k;
    k=fun(j,m); printf("%d, ",k);
    k=fun(j,m); printf("%d\n",k);
    return 0;
}
```

　　A. 5,5　　　　　　B. 5,11　　　　　　C. 11,11　　　　　　D. 11,5

（二）程序阅读题

1. 若在运行下列程序时从键盘输入"36,24✓"，则程序的输出结果是_____。

```
#include <stdio.h>
void fun(int a,int b)
{
    while(a!=b)
        {   while(a>b)  a-=b;
            while(b>a)  b-=a;
        }
    printf("%3d%3d\n",a,b);
}
```

```
int main()
{
    int a,b;
    printf("Enter a,b: ");
    scanf("%d,%d",&a,&b);
    fun(a,b);
    return 0;
}
```

2. 运行下列程序，输出结果是_____。

```
#include <stdio.h>
int k=0;
void fun(int m)
{    m+=k;    k+=m;
    printf("m=%dk=%d",m,k++);
}
int main()
{
    int i=4;
    fun(i++);
    printf("i=%dk=%d\n",i,k);
    return 0;
}
```

3. 运行下列程序，输出结果是_____。

```
#include <stdio.h>
int z=10;
void fun(int x,int y)
{
    printf("x=%d,y=%d,z=%d\n",x,y,z);
    z=x;
    x=y;
    y=z;
    printf("x=%d,y=%d,z=%d\n",x,y,z);
}
int main()
{
    int x=1,y=2,z=3;
    fun(x,y);
    printf("x=%d,y=%d,z=%d\n",x,y,z);
    return 0;
}
```

4. 在下列程序运行时，若输入"1abcedf2df↙"，则程序的输出结果为_____。

```
#include <stdio.h>
int fun()
{
    char a=0,ch;
    printf("Enter a string:");
    while((ch=getchar())!='\n')
    {
        if(a%2!=0&&(ch>='a'&&ch<='z'))
            ch=ch-'a'+'A';
        a++;
        putchar(ch);
    }
    printf("\n");
    return a;
}
int main()
{
    int n;
    n=fun();
    printf("n=%d\n",n);
    return 0;
}
```

5. 下列程序运行后，输出结果是_____。

```c
#include <stdio.h>
int abc(int u,int v);
int main()
{
    int a=24,b=16,c;
    c=abc(a,b);
    printf("%d\n",c);
    return 0;
}
int abc(int u,int v)
{
    int w;
    while(v)
    {
        w=u%v;  u=v;   v=w;
    }
    return u;
}
```

6. 下列程序运行后，输出结果是_____。

```c
#include <stdio.h>
void fun(int n)
{
    int i;
    if(n>0)
    {
        fun(n-1);
        for(i=1;i<=2*n-1;i++)
            printf("*");
        printf("\n");
    }
}
int main()
{
    fun(6);
    return 0;
}
```

（三）程序填空题

1. 下列程序的功能是计算 x 的 y 次方的值，请填空。

```c
#include <stdio.h>
double fun(double x,int y)
{
    int i;
    double z=1;
    for(i=1;i___(1)___;i++)
            z=___(2)___;
    return z;
}
```

2. 函数 reverse(long a)的功能是返回 a 的逆序数，如 reverse(12345)的返回值是 54321，请填空。

```c
#include <stdio.h>
long reverse(long a)
{
    long b=0,x;
    while(a)
    {
        x=a%10;
        b=___(1)___;
        a=___(2)___;
    }
    return b;
}
```

3. 函数 fun( )的功能是将从键盘输入的以回车符结束的字符串中的小写英文字母转换成大写

英文字母（其他字符保持不变）并输出，请填空。

```c
#include <stdio.h>
void fun()
{
    char ch;
    while((ch=getchar())!='\n')
    {
        if(_____(1)_____)
                putchar(_____(2)_____);
        else    putchar(ch);
    }
}
int main()
{
    fun();
    return 0;
}
```

4. 函数 dtob(int n)的功能是采用递归方法将正整数 n 转换成对应的二进制数并输出，请填空。

```c
#include <stdio.h>
void dtob(int n)
{
    if(n>0)
    {
        dtob(_____(1)_____);
        printf("%d",n%2);
    }
}
int main()
{
    int n ;
    printf("输入一个正整数: ");
    scanf("%d",&n);
    printf("该数对应的二进制数是: ") ;
    dtob(_____(2)_____);
    return 0;
}
```

5. 函数 primedec(int n)的功能是求整数 n 的所有素数因子并输出。例如，当 n 为 120 时，输出的素数因子为 2,2,2,3,5，请填空。

```c
#include <stdio.h>
void primedec(int n)
{
    int k=2;
    while(k<=n)
    {
        if(_____(1)_____)
        {
            printf("%d,",k);
            n=_____(2)_____;
        }
        else    _____(3)_____;
    }
}
```

6. 下列程序的功能是将输入的正整数按逆序输出。例如，输入"1234"，则输出"4321"。请填空。

```c
#include <stdio.h>
void prn(int n)
{   int s;
    do
    {   s=_____(1)_____;
        printf("%d",s);
        _____(2)_____;
    }while(n!=0);
}
int main()
```

```
{       int n;
        printf("Enter a number : ");
        scanf("%d",&n);
        printf("Output: ");
           (3)      ;
        return 0;
}
```

（四）程序设计题

1. 编写程序，实现输入一行字符串（以回车符作为结束符），统计其中英文小写字母和大写字母的个数。要求定义和调用函数 int islower(char c)，该函数用于判别 c 是否为英文小写字母；定义和调用函数 int isupper(char c)，该函数用于判别 c 是否为英文大写字母。

2. 完数就是因子之和正好等于该数本身的数，试设计函数 int perfectNumber(int n)来判别整数 n 是否为完数。编写程序，实现从键盘上输入两个正整数 m（$m \geq 1$）和 n（$n \leq 1000$），输出 $m \sim n$ 的所有完数。

3. 设计递归函数 print(int n)，实现输出 n 行数字三角形，并编写 main( )函数进行测试。例如，当 $n=5$ 时，输出结果如图 1-5-3 所示。

```
1
2 2
3 3 3
4 4 4 4
5 5 5 5 5
```

图 1-5-3 输出的 5 行数字三角形

4. 设计函数 double pi(double eps)，实现根据下列公式计算满足精度 eps 的 π 值，并编写 main( )函数进行测试。

$$\frac{\pi}{2} = 1 + \frac{1}{3} + \frac{1}{3} \times \frac{2}{5} + \frac{1}{3} \times \frac{2}{5} \times \frac{3}{7} + \frac{1}{3} \times \frac{2}{5} \times \frac{3}{7} \times \frac{4}{9} + \cdots$$

5. 编写程序，采用递归函数求解杨辉三角，根据输入的行数，在屏幕上输出相应行数的杨辉三角，如图 1-5-4 所示。

```
请输入拟输出的杨辉三角行数（小于13行）：
9↙
                        1
                      1   1
                    1   2   1
                  1   3   3   1
                1   4   6   4   1
              1   5  10  10   5   1
            1   6  15  20  15   6   1
          1   7  21  35  35  21   7   1
        1   8  28  56  70  56  28   8   1
```

图 1-5-4 输出的 9 行杨辉三角

第6章
数组及其应用

一、本章学习要求

（1）掌握一维数组及二维数组的定义与初始化方法。

（2）了解向函数传递一维数组的方法。

（3）掌握基于一维数组的查找、删除、插入、找最大数或最小数等基本算法。

（4）熟练掌握简单选择排序、冒泡排序、二分查找等算法。

（5）了解向函数传递二维数组的方法与注意事项。

（6）理解字符串的存储结构特点，掌握利用字符数组存储字符串的方法。

（7）熟练掌握 strlen( )、strcat( )、strcpy( )、strcmp( )等字符串函数的使用方法，并了解相关函数功能的实现方法。

（8）能够根据数据特点定义一维或二维数组来存储数据，并编写算法实现数据处理。

（9）能够设计基于一维数组的递归算法程序。

二、本章思维导图及学习要点

1. 思维导图

本章思维导图如图 1-6-1 所示。

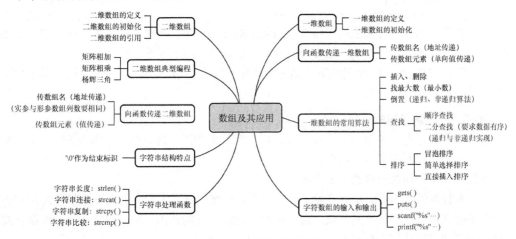

图 1-6-1　本章思维导图

2. 学习要点

要点 1：一维数组的定义

数组是含有多个具有相同数据类型的数据的有序集合，数组中的数据值称为数组元素。数据在内存中占用连续的存储空间。一维数组在使用之前必须先定义，定义一维数组的语法格式如下。

`数据类型　数组名[数组大小];`

这里的数据类型可以是基本数据类型或构造数据类型，数组的长度可以用任何整型常量表达式指定。数组一旦定义，在程序执行期间其位置和大小不能再发生变化。

要点 2：一维数组的引用

C 语言采用"数组名[下标]"的方式来引用每个数组元素，对于长度为 N 的数组，其下标范围是 $0 \sim N-1$。

- C 语言的数组名记录了数组在内存中的起始地址，因此数组名为一个常量，即 a==&a[0]。
- &a[i]可等价地表示为 a+i，操作系统通过计算 a+i 的值来得到 a[i]的地址，以访问 a[i]。
- 下标应为整型常量、变量或表达式，且要保证其在有效的数组下标范围内。

要点 3：一维数组的初始化

数组元素和变量一样，可以在定义时赋初值，这个过程称为数组的初始化。

定义时赋初值的语法格式如下。

`数据类型　数组名[数组大小]={初值表};`

说明如下。

（1）初值表中的值用逗号","隔开。

（2）可对数组中的所有元素赋初值，也可对数组的前若干个元素赋初值（部分赋初值）。

（3）若对数组的所有元素赋初值，数组的长度可以省略，此时，数组的长度由初值表中的元素个数确定。

（4）若只对数组的前若干个元素赋初值，则没有赋初值的元素也将被初始化。若数组的类型是数值类型，则没有被赋初值的元素自动初始化为 0；若数组的类型是字符型，则没有被赋初值的元素自动初始化为'\0'。

（5）对存储类型为 auto 的数组，如果不进行初始化，则其元素的初值不确定。若数组的存储类型为 static，即使没有对其进行初始化，其元素也有默认的初值（数值型是 0，字符型是'\0'）。

要点 4：二维数组的定义

定义二维数组的语法格式如下。

`数据类型　数组名[常量表达式1][常量表达式2];`

其中，数据类型表示二维数组中每个数组元素的数据类型，常量表达式 1 用于规定二维数组的行数，常量表达式 2 用于规定二维数组的列数。C 语言数组的各维下标均从 0 开始。

二维数组在内存中的物理地址实际上是一维线性连续的，其存储结构"按行优先""从上向下"，同一行"从左向右"依次存放。

要点 5：二维数组的引用

二维数组可通过行下标与列下标来引用，与一维数组相同，行、列下标均为整型常量、变量或表达式，且要保证其在有效的范围内。

二维数组元素引用时要注意以下事项。

（1）二维数组各维的下标从 0 开始。若二维数组某维的长度为 M，则其下标范围为 $0 \sim M-1$。

（2）下标表达式的值必须是整数。若下标超出数组定义的范围，则程序在运行时可能会发生下标越界带来的非法访问内存错误。

要点 6：二维数组的初始化

在为存储类型为 auto 的二维数组分配存储空间时，其值是不确定的。可以通过初始化操作来给二维数组赋初值。

二维数组的初始化有以下几种常用方法。

（1）采用分行赋值方法，即分别为二维数组的每行进行赋值，这种方法以行为单位把数据分成若干组，并用"{ }"括起来。示例如下。

```
int a[3][4]={{1,2,3},{4,5,6,7},{8,9}};
```

初始化后，数组 a 的各元素值如图 1-6-2 所示。

（2）若在初始化列表中省略每一行的"{ }"，则编译器将根据初始化列表中的值按"从前向后""按行优先"的顺序对数组进行赋值，无对应值的数组元素自动赋值为 0。示例如下。

```
int a[3][4]={1,2,3,4,5,6,7,8,9};
```

初始化后，数组 a 的各元素值如图 1-6-3 所示。

	0列	1列	2列	3列
0行	1	2	3	0
1行	4	5	6	7
2行	8	9	0	0

int a[3][4]={{1,2,3},{4,5,6,7},{8,9}};

图 1-6-2　数组 a 的初始化示例 1

	0列	1列	2列	3列
0行	1	2	3	4
1行	5	6	7	8
2行	9	0	0	0

int a[3][4]={1,2,3,4,5,6,7,8,9};

图 1-6-3　数组 a 的初始化示例 2

（3）在对二维数组进行初始化时，可省略数组的行数，编译器会根据初始化列表的项数自动确定数组的行数。示例如下。

```
int a[][4]={1,2,3,4,5,6,7,8,9};
```

该示例中初始化列表共有 9 项，而数组 a 的列数为 4，所以编译器自动将该数组定义为 3 行。内存分配情况与图 1-6-3 相同。

要点 7：字符串

字符串（常量）是用半角双引号引起来的若干字符序列。示例如下。

```
"My name is Tony."
"I am fine\nThank you."
```

以上都是字符串常量。

C 语言用'\0'作为字符串结束标识。

C 语言本身并没有设置数据类型来定义字符串变量，而是采用字符数组存储字符串。

长度为 n 的字符串实际占用的字节数为 $n+1$。例如，"China"占用 6 字节，而"My name is Tony."占用 17 字节，它们在内存中的存储格式如图 1-6-4 所示。

图 1-6-4　字符串存储格式

要点 8：字符数组元素的输入与输出

字符数组元素的输入与输出有 3 种方式。

（1）通过循环语句逐个输入或输出字符数组元素。

（2）用格式控制符"%s"，按字符串方式进行字符数组元素的输入或输出。

（3）用字符串输入函数 gets( )、字符串输出函数 puts( )进行字符数组元素的输入与输出，两个函数均在 stdio.h 头文件中定义。

gets( )与 scanf( )、puts( )与 printf( )的区别如下。

- gets( )仅遇回车符时才结束输入，因此，通过 gets( )函数可以输入带空格的字符串，而通过 scanf( )只能输入不带空格的字符串。
- puts(a)在功能上等价于"printf("%s\n",a);"，即在输出字符串 a 后自动换行。

要点 9：字符串处理函数

要使用字符串处理函数，程序中应包含头文件 string.h。

1. 字符串长度函数 strlen( )

其语法格式如下。

```
strlen(s);
```

其中 s 为字符串起始地址。

功能：将以 s 为起始地址的字符串长度（不包括'\0'）作为函数的返回值。

2. 字符串复制函数 strcpy( )

其语法格式如下。

```
strcpy(t,s);
```

其中 t 为目的串起始地址，s 为源串起始地址。

功能：将以 s 为起始地址的字符串复制到以 t 为起始地址的字符数组中。

3. 字符串连接函数 strcat( )

其语法格式如下。

```
strcat(t,s);
```

其中 t 为目的串起始地址，s 为源串起始地址。

功能：将以 s 为起始地址的字符串连接到以 t 为起始地址的字符串后面（从 t 的字符串结束标识'\0'所在的位置开始存放）。

4. 字符串比较函数 strcmp( )

其语法格式如下。

```
strcmp(t,s);
```

其中 t 为一个字符串的起始地址，s 为另一个字符串的起始地址。

功能：按字典序比较两个字符串的大小，当字符串 t 小于字符串 s 时，函数返回负数；当字符串 t 等于字符串 s 时，函数返回 0；当字符串 t 大于字符串 s 时，函数返回正数。

要点 10：向函数传递数组

1. 数组元素作为实参

在调用函数时，可把数组元素作为实参传给形参，此时，对应的形参必须是同类型相同的变量，其传递方式与普通变量作为实参一样，为单向值传递。

2. 一维数组名作为实参

由于数组名本身是一个地址值，因此在把数组名作为实参时，对应的形参应当是一个同类型的数组变量（其本质为基类型相同的指针变量，见第 7 章）。形参数组可以指定长度，也可以不指定长度。形参数组并没有另外开辟新的存储单元，而是与实参数组共用一个数组空间。因此，若修改形参数组元素的值，实参数组中与之对应的元素也将发生改变。

把数组名作为函数实参时，设计的函数通常可以定义两个形参，第一个形参为同类型的数组，第二个形参用来接收需要处理的实参数组的元素个数。其语法格式如下。

```
函数类型 函数名(数据类型 数组名[],int n);
```

这样定义的函数可以使用不同长度的数组，可以采用"函数名(实参数组名,元素个数)"的形式进行调用。

3. 二维数组名作为实参

当二维数组名作为函数实参时，对应的形参数组必须是与实参数组列数相同的二维数组。为方便处理列相同、行不同的实参数组，函数可以增设一个形参，用于接收实参组的行。

三、典型例题分析

【例 1】下列程序运行后，输出结果是 (   )。

```
#include <stdio.h>
int main()
{
        int p[8]={11,12,13,14,15,16,17,18},i=0,j=0;
        while(i++<7)
                if(p[i]%2)    j+=p[i];
        printf("%d\n",j);
        return 0;
}
```

A. 42   B. 45   C. 56   D. 60

【解析】答案为 B。本题考核的知识点主要是应用循环访问一维数组的元素。由于循环的条件为 i++<7，当执行循环条件后，i 的值自增 1，因此 p[0]元素的值不会被累加到变量 j 中，循环执行结束后只有 13、15 和 17 这 3 个数进行了累加求和，答案为 45。

```
1  2  3  4
   6  7  8
      11 12
         16
```

图 1-6-5 程序输出结果

【例 2】有下列程序，若要按图 1-6-5 所示的程序输出结果输出数组元素，则在程序中横线处应填入的是 (   )。

```
#include <stdio.h>
int main()
{
        int num[4][4]={{1,2,3,4},{5,6,7,8},{9,10,11,12},{13,14,15,16}},i,j;
        for(i=0;i<4;i++)
            {
                    for(j=0;j<i;j++)
                            printf("%4c",' ');
                    for(j=_____;j<4;j++)
                            printf("%4d",num[i][j]);
                    printf("\n");
            }
        return 0;
}
```

A. i-1   B. i+1   C. i   D. 4-i

【解析】答案为 C。本题考核的知识点主要是应用双重循环访问二维数组元素。根据二维数组元素的输出要求可知，当 i 为 0 时，需要输出 4 个数；当 i 为 1 时，需要输出 3 个数。由此可知横线上应该填 i。

【例 3】下列程序运行后，输出结果是 (   )。

```
#include <stdio.h>
#define N 20
void fun(int a[ ],int n,int m)
{
        int i,j;
        for(i=m;i>n;i--)
                    a[i+1]=a[i];
}
```

```
int main()
{
    int i,a[N]={1,2,3,4,5,6,7,8,9,10};
    fun(a,2,9);
    for(i=0;i<5;i++)
        printf("%d",a[i]);
    return 0;
}
```

A. 10234   B. 12344   C. 12334   D. 12234

【解析】答案为 B。本题考核应用循环和函数进行一维数组编程。函数 fun(int a[ ],int n,int m) 的功能是将 a[n+1..m]之间的元素依次向后移动一个位置。"fun(a,2,9);"语句执行后，数组的前 11 个元素值分别为{1,2,3,4,4,5,6,7,8,9,10}，通过 main( )函数的 for 循环只输出前 5 个元素，因此，本题的答案为 B。

【例 4】下列程序运行后，输出结果是（   ）。

```
#include <stdio.h>
void sum(int b[])
{
    b[0]=b[-1]+b[1];
}
int main()
{
    int a[10]={1,2,3,4,5,6,7,8,9,10};
    sum(&a[2]);
    printf("%d\n",a[2]);
    return 0;
}
```

A. 6   B. 7   C. 5   D. 9

【解析】答案为 A。本题考核应用函数实现一维数组编程。函数 sum(int b[])的功能是将数组元素 b[0]的值赋为其前一个元素与后一个元素之和。sum(&a[2])的实参是&a[2]，此时，形参 b 指向了实参数组 a 的第 2 个单元（a[2]），sum( )函数中对 b[0]的访问实际上是对 main( )函数中 a[2]的访问，其值被赋为 a[1]+a[3]，如图 1-6-6 所示。因此，本题答案为 A。

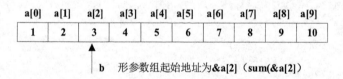

b   形参数组起始地址为&a[2]（sum(&a[2])）

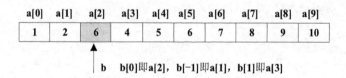

b   b[0]即 a[2]，b[-1]即 a[1]，b[1]即 a[3]

图 1-6-6   程序执行过程示意 1

【例 5】下列程序运行后，输出结果是（   ）。

```
#include <stdio.h>
int fun(int x[],int n)
{
    static int sum=0,i;
    for(i=0;i<n;i++)
        sum+=x[i];
    return sum;
}
int main()
{
```

```
int a[]={1,2,3,4,5},b[]={6,7,8,9},s=0;
s=fun(a,5)+fun(b,4);
printf("%d\n",s);
return 0;
}
```

A. 45　　　　　　B. 50　　　　　　C. 60　　　　　　D. 55

【解析】答案为 C。本题考核应用函数实现一维数组编程。因为 fun( )函数中的变量 sum 为 static 类型，所以 fun(a,5)调用结束后，sum 的值为 15，fun(a,5)的返回值也就为 15。

在调用 fun(b,4)时，sum 的值仍为 15，函数执行结束后，sum 的值变为 45。s 的值等于 fun(a,5) 与 fun(b,4)的和，为 60。故本题答案为 C。

【例 6】下列程序运行后，输出结果是（　　　）。

```
#include <stdio.h>
void fun(int a,int b)
{
    int t;
    t=a; a=b; b=t;
}
int main()
{
    int a[10]={1,2,3,4,5,6,7,8,9,0},i;
    for(i=0;i<10;i+=2)
        fun(a[i],a[i+1]);
    for(i=0;i<10;i++)
        printf("%d,",a[i]);
    printf("\n");
    return 0;
}
```

A. 1,2,3,4,5,6,7,8,9,0,　　　　　　B. 2,1,4,3,6,5,8,7,0,9,

C. 0,9,8,7,6,5,4,3,2,1,　　　　　　D. 0,1,2,3,4,5,6,7,8,9,

【解析】答案为 A。本题考核数组元素作为函数参数的知识。函数 fun(int a,int b)的两个形参均为普通变量，调用 fun(a[i],a[i+1])时，实参 a[i]与 a[i+1]的值单向传递给形参 a 和 b，fun( )函数的执行不会对 a[i]和 a[i+1]产生影响。因此，数组 a 的值保持不变，本题答案为 A。

【例 7】下列程序运行后，输出结果是（　　　）。

```
#include <stdio.h>
void fun(int a[],int n)
{
    int i,j,t;
    for(i=0;i<n-1;i++)
        for(j=i+1;j<n;j++)
            if(a[i]<a[j])
                { t=a[i]; a[i]=a[j]; a[j]=t;}
}
int main()
{
    int a[10]={1,2,3,4,5,6,7,8,9,10},i;
    fun(a+2,5);
    for(i=0;i<10;i++)
        printf("%d,",a[i]);
    printf("\n");
}
```

A. 1,2,3,4,5,6,7,8,9,10,　　　　　　B. 1,2,7,6,3,4,5,8,9,10,

C. 1,2,7,6,5,4,3,8,9,10,　　　　　　D. 1,2,9,8,7,6,5,4,3,10,

【解析】答案为 C。本题考核冒泡排序法。通过观察可知，函数 fun(int a[],int n)的功能是对数组 a[0..n-1]采用冒泡排序法进行降序排列。fun(a+2,5)传递的起始地址为 a+2，该地址为 a[2]的地址，因此 fun(a+2,5)用于对 a[2]、a[3]、a[4]、a[5]和 a[6]这 5 个数组元素进行降序排列。程序执行后数组元素变为{1,2,7,6,5,4,3,8,9,10}，如图 1-6-7 所示。因此，本题答案为 C。

a[0]	a[1]	a[2]	a[3]	a[4]	a[5]	a[6]	a[7]	a[8]	a[9]
1	2	3	4	5	6	7	8	9	10

形参数组起始地址(fun(a+2,5))

a[0]	a[1]	a[2]	a[3]	a[4]	a[5]	a[6]	a[7]	a[8]	a[9]
1	2	7	6	5	4	3	8	9	10

图 1-6-7　程序执行过程示意 2

【例 8】下列程序运行后，输出结果是（　　　　）。

```c
#include <stdio.h>
void fun(int k[])
{
    k[0]=k[5];
}
int main()
{
    int x[10]={1,2,3,4,5,6,7,8,9,10},i=0;
    while(i<=4)
        { fun(&x[i]);
          i++;
        }
    for(i=0;i<5;i++)
        printf("%d",x[i]);
    printf("\n");
    return 0;
}
```

　A. 6 7 8 9 10　　　　　　B. 1 3 5 7 9　　　　C. 1 2 3 4 5　　　　D. 6 2 3 4 5

【解析】答案为 A。本题考核数组名作为函数参数的本质。函数 fun(int k[])的功能是将 k[5]复制到 k[0]，在 main( )函数中，x[0]~x[4]的地址依次作为实参传递给了形参数组 k，每次调用 fun(&x[i])，实际上是将&x[i]后面的第 5 个元素复制到 x[i]。因此，程序执行后，数组 x 的元素变成了{6,7,8,9,10,6,7,8,9,10}。故本题答案为 A。

【例 9】下列程序运行后，输出结果是（　　　　）。

```c
#include <stdio.h>
void fun(int a[],int n)
{
    int i,t;
    for(i=0;i<n/2;i++)
        {t=a[i]; a[i]=a[n-1-i]; a[n-1-i]=t;}
}
int main()
{
    int a[10]={1,2,3,4,5,6,7,8,9,10},i;
    fun(a,5);
    for(i=2;i<8;i++)
        printf("%d",a[i]);
    printf("\n");
    return 0;
}
```

　A. 345678　　　　　　　B. 876543　　　　　C. 1098765　　　　D. 321678

【解析】答案为 D。本题考核数组名作为函数参数和数组倒置算法。函数 fun(int a[],int n)的功能是将数组 a[0..n-1]的元素首尾倒置，函数 fun(a,5)执行后数组的元素变为{5,4,3,2,1,6,7,8,9,10}，通过 main( )函数输出 a[2..7]的元素值，因此，本题答案为 D。

【例 10】下列程序运行后，输出结果是（　　　　）。

```c
#include <stdio.h>
int main()
```

```
{
    int a[4][4]={{1,4,3,2},{8,6,5,7},{3,7,2,5},{4,8,6,1}},i,j,k,t;
    for(i=0;i<4;i++)
        for(j=0;j<3;j++)
            for(k=j+1;k<4;k++)
                if(a[j][i]>a[k][i]) {t=a[j][i];a[j][i]=a[k][i];a[k][i]=t;}

    for(i=0;i<4;i++)
        printf("%d,",a[i][i]);
    return 0;
}
```

　　A. 1,6,5,7,　　　　　　B. 8,7,3,1,　　　　　　C. 4,7,5,2,　　　　　　D. 1,6,2,1,

　　【解析】答案为A。本题考核应用双重循环实现二维数组的排序。通过分析可知，上述程序的功能是对数组a按列进行升序排列，程序执行前后数组的元素如图1-6-8所示，排序后主对角线上的元素为1、6、5、7，所以，本题答案为A。

```
1 4 3 2        1 4 2 1
8 6 5 7        3 6 3 2
3 7 2 5        4 7 5 5
4 8 6 1        8 8 6 7
```
（a）初始数组　　（b）按列排序后的结果

图1-6-8　程序执行过程示意3

　　【例11】下列程序运行后，输出结果是（　　　　）。

```
#include <stdio.h>
#define N 4
void fun(int a[][N],int b[])
{
    int i;
    for(i=0;i<N;i++) b[i]=a[i][i];
}
int main()
{
    int x[][N]={{1,2,3},{4},{5,6,7,8},{9,10}},y[N],i;
    fun(x,y);
    for(i=0;i<N;i++)
        printf("%d,",y[i]);
    printf("\n");
    return 0;
}
```

　　A. 1,2,3,4,　　　　　　B. 1,0,7,0,　　　　　　C. 1,4,5,9,　　　　　　D. 3,4,8,10,

　　【解析】答案为B。本题考核基于二维数组的编程。数组x的初值如图1-6-9所示。函数fun(int a[][N],int b[])的功能是将数组a主对角线的元素赋到数组b中的相应位置，因此，fun(x,y)执行后，数组y的元素为{1,0,7,0}。故本题答案为B。

```
1 2 3 0
4 0 0 0
5 6 7 8
9 10 0 0
```
图1-6-9　数组x的初值

　　【例12】下列程序运行后，输出结果是＿＿＿＿＿＿＿。

```
#include <stdio.h>
int f(int a[],int n)
{
    if(n>=1)    return f(a,n-1)+a[n-1];
    else return 0;
}
int main()
{
    int b[5]={1,2,3,4,5},s;
    s=f(b,5);
    printf("%d\n",s);
    return 0;
}
```

　　【解析】答案为15。本题考核基于数组的递归算法。根据函数f( )的函数体，可知其功能是采用递归算法求数组a的所有元素的和，因此，输出结果是15。

　　【例13】下列程序中，函数rotate( )的功能是将a所指的二维数组中的第0行放到b所指的二维数组的最后一列中，将a所指N行N列的二维数组中的最后一行放到b所指的二维数组的第0列中，

b 所指的二维数组中的其他数据不变。（1）和（2）处应填的语句分别是_____和_____。

```c
#define N 4
#include <stdio.h>
void rotate(int a[][N],int b[][N])
{
    int i,j;
    for(i=0;i<N;i++)
    {
        b[i][N-1]=_____(1)_____;
        _____(2)_____=a[N-1][i];
    }
}
int main()
{
    int i,j;
    int a[N][N]={{1,2,3,4},{5,6,7,8},{9,10,11,12},{13,14,15,16}};
    int b[N][N]={0};
    rotate(a,b);
    for(i=0;i<N;i++)
    {
        for(j=0;j<N;j++)
                printf("%4d",b[i][j]);
        printf("\n");
    }
    return 0;
}
```

```
1  2  3  4          13  0  0  1
5  6  7  8          14  0  0  2
9 10 11 12          15  0  0  3
13 14 15 16         16  0  0  4
```

（a）数组a   （b）数组b

图 1-6-10　程序执行情况

【解析】答案为：（1）a[0][i]；（2）b[i][0]。本题考核基于二维数组的编程。第 1 个空用于将数组 a 的第 0 行放到 b 所指的二维数组的最后一列中，第 2 个空用于将 a 的最后一行放到 b 所指的二维数组的第 0 列中。程序执行情况如图 1-6-10 所示。

【例 14】下列程序运行后，输出结果是_____。

```c
#include <stdio.h>
int fun(char p[][10],int row)
{
    int n=0,i;
    for(i=0;i<row;i++)
    if(p[i][0]=='S'||p[i][0]=='T') n++;
    return n;
}
int main()
{
    char str[][10]={"Mon","Tue","Wed","Thu","Fri","Sat","Sun"};
    printf("%d\n",fun(str,7));
    return 0;
}
```

【解析】答案为 4。本题考核基于二维数组的字符串编程。函数 fun(char p[][10],int row) 的功能是统计 p 数组中首字母为'S'或'T'的字符串个数。

【例 15】下列程序的功能是对 M 行 N 列的二维数组中每一行的元素进行排序，第 0 行从小到大排序，第 1 行从大到小排序，第 2 行从小到大排序，第 3 行从大到小排序。例如，图 1-6-11（a）所示的 4 行 4 列的二维数组，按上述规则排序后，结果如图 1-6-11（b）所示。请填空。

```
2  3  4  1          1  2  3  4
8  6  5  7          8  7  6  5
11 12 10 9          9 10 11 12
15 14 16 13         16 15 14 13
```

（a）排序前   （b）排序后

图 1-6-11　二维数组排序示意

```c
#include <stdio.h>
#define N 4
void sort(int a[][N],int M)
{
    int i,j,k,t;
    for(i=0;i<M;i++)
```

```
            for(j=0;j<N-1;j++)
                    for(k=_____(1)_____;k<N;k++)
                            /*通过判断行下标是否为偶数来确定是按升序还是降序排列*/
                            if(_____(2)_____?a[i][j]<a[i][k]:a[i][j]>a[i][k])
                                    {    t=a[i][j];
                                         a[i][j]=_____(3)_____;
                                         a[i][k]=t;
                                    }
}
/*以矩阵的形式输出二维数组的元素*/
void print(int a[][N],int M)
{
    int i,j;
    for(i=0;i<M;i++)
    {
            for(j=0;j<N;j++)
                    printf("%4d",a[i][j]);
            printf("\n");
    }
}
int main()
{
    int a[][N]={{2,3,4,1},{8,6,5,7},{11,12,10,9},{15,14,16,13}};
    print(a,4);
    sort(a,4);
    print(a,4);
    return 0;
}
```

【解析】答案为：（1）j+1；（2）i%2==1（或 i%2，或 i%2!=0）；（3）a[i][k]。本题考核二维数组作为函数参数、冒泡排序法及条件表达式的应用。sort( )函数采用的是冒泡排序法，第 2 个空的条件表达式用于实现分别对二维数组的每一行按升序、降序交替进行排列。

四、自测题

（一）单项选择题

1. 下列叙述中错误的是（　　　）。

　　A. double 类型数组不可以直接用数组名对其进行整体输入或输出

　　B. 数组名代表的是数组所占存储区的起始地址，其值不可改变

　　C. 在程序执行过程中，当数组元素的下标超出定义的下标范围时，系统将给出"下标越界"的出错信息

　　D. 可以通过赋初值的方式确定数组元素的个数

2. 以下定义语句错误的是（　　　）。

　　A. int x[ ][3]={{0},{1},{1,2,3}};

　　B. int x[4][3]={{1,2,3},{1,2,3},{1,2,3},{1,2,3}};

　　C. int x[4][ ]={{1,2,3},{1,2,3},{1,2,3},{1,2,3}};

　　D. int x[ ][3]={1,2,3,4};

3. 下列程序运行后，输出结果是（　　　）。

```
#include <stdio.h>
int main()
{
    char s[]="abcde";
    s+=2;
    printf("%d\n",s[0]);
```

```
        return 0;
    }
```

    A. 字符 a 的 ASCII 值   B. 字符 c 的 ASCII 值

    C. 字符 c   D. 程序出错

4. 下列程序运行后，输出结果是（　　　）。

```
#include <stdio.h>
int main()
{
    int i,s=0,t[]={1,2,3,4,5,6,7,8,9};
    for(i=0;i<9;i+=2)
            s+=t[i];
    printf("%d\n",s);
    return 0;
}
```

    A. 45   B. 20   C. 25   D. 36

5. 下列程序运行后，输出结果是（　　　）。

```
#include <stdio.h>
int main()
{
    int s[12]={1,2,3,4,4,3,2,1,1,1,2,3},c[5]={0},i;
    for(i=0;i<12;i++)
            c[s[i]]++;
    for(i=1;i<5;i++)
            printf("%d",c[i]);
    printf("\n");
    return 0;
}
```

    A. 1 2 3 4   B. 2 3 4 4   C. 4 3 3 2   D. 1 1 2 3

6. 下列程序运行后，输出结果是（　　　）。

```
#include <stdio.h>
void f(int b[])
{
    int i;
    for(i=2;i<6;i++)
            b[i]*=2;
}
int main()
{
    int a[10]={1,2,3,4,5,6,7,8,9,10},i;
    f(a);
    for(i=0;i<10;i++)
        printf("%d,",a[i]);
    return 0;
}
```

    A. 1,2,3,4,5,6,7,8,9,10,   B. 1,2,6,8,10,12,7,8,9,10,

    C. 1,2,3,4,10,12,14,16,9,10,   D. 1,2,6,8,10,12,14,16,9,10,

7. 下列程序运行后，输出结果是（　　　）。

```
#include <stdio.h>
int main()
{
    int a[12]={1,2,3,4,3,3,2,1,0,1,3,4},b[5]={0},i;
    for(i=0;i<12;i++)
            b[a[i]]++;
    for(i=1;i<5;i++)
            printf("%d",b[i]);
    return 0;
}
```

    A. 1234   B. 0134   C. 3321   D. 3242

8. 下列程序运行后，输出结果是（　　　）。

```c
#include <stdio.h>
#include <string.h>
int main()
{
    char p[20]={'a','b','c','d'},q[]="abc",r[]="abcde";
    strcpy(p+strlen(q), r);
    strcat(p,q);
    printf("%d %d\n",sizeof(p),strlen(p));
    return 0;
}
```

  A. 20 9　　　　　　　B. 9 9　　　　　　C. 20 11　　　　　D. 11 11

9. 有下列程序：

```c
#include <stdio.h>
int main()
{
    int a[4][4]={{1,4,3,2},{8,6,5,7},{3,7,2,5},{4,8,6,1}},i,k,t;
    for(i=0;i<3;i++)
        for(k=i+1;k<4;k++)
            if(a[i][i]<a[k][k])
                { t=a[i][i]; a[i][i]=a[k][k]; a[k][k]=t; }
    for(i=0;i<4;i++)
        printf("%d,",a[0][i]);
}
```

上述程序运行后，输出结果是（　　　）。

  A. 6,2,1,1,　　　B. 6,4,3,2,　　　C. 1,1,2,6,　　　D. 2,3,4,6,

10. 下列程序运行后，输出结果是（　　　）。

```c
#include <string.h>
#include <stdio.h>
void f(char p[][10],int n)
{
    char t[10]; int i,j;
    for(i=0;i<n-1;i++)
        for(j=i+1;j<n;j++)
            if(strcmp(p[i],p[j])>0)
                {strcpy(t,p[i]); strcpy(p[i],p[j]); strcpy(p[j],t); }
}
int main()
{
    char p[5][10]={"abc","aabdfg","abbd","dcdbe","cd"};
    f(p,5);
    printf("%d\n",strlen(p[0]));
    return 0;
}
```

  A. 2　　　　　　　B. 4　　　　　　　C. 6　　　　　　　D. 3

（二）填空题

1. 设 int 型变量占用 4 字节，有数组定义语句"int a[10];"，则数组 a 占用的字节数是_____。

2. 在 C 语言中，数组的名称代表的是_____。

3. 有数组定义语句"int a[10];"，则 a[i]的地址可表示为_____或_____。

4. 有数组定义语句"int a[M][N];"，在访问数组 a 时，行下标最大值是_____，列下标最大值是_____。

5. 存储类型为 auto 的数组在定义时，若不进行初始化，则数组元素的值是_____。

6. 数组名作为函数的实参时，向形参传递的实际上是实参数组的_____。

7. 有数组定义语句"int a[3][4]={{1,2},{2,3,4},{3,4,5}};"，则 a[1][2]的值为_____，a[2][3]的值为_____。

8. 有数组定义语句 "char str[]="ABC\n0121\\";"，则执行 "printf("%d",strlen(str));" 语句后，输出结果是_____。

9. 若有数组定义语句 "char s1[20]={'a','b','c'},s2[]="def",s3[]="ghijk";"，则执行语句 "strcat(s1,s2); strcpy(s1+strlen(s1)+strlen(s3),s3);" 后，strlen(s1)的值是_____。

10. 当采用冒泡排序法对数组元素进行排序时，在_____情况下，排序过程中数组元素交换的次数最多。

（三）程序阅读题

1. 执行下列程序，输出结果是_____。

```c
#include <stdio.h>
int main()
{
    int i,a[4]={1};
    for(i=1;i<=3;i++)
        {
            a[i]=a[i-1]*2+1;
            printf("%d",a[i]);
        }
    return 0;
}
```

2. 下列程序运行后，输出结果是_____。

```c
#include <stdio.h>
int main()
{
    int a[3][3]={{1,2,9},{3,4,8},{5,6,7}},i,s=0;
    for(i=0;i<3;i++)
        s+=a[i][i]+a[i][3-i-1];
    printf("%d\n",s);
    return 0;
}
```

3. 下列程序运行后，输出结果是_____。

```c
#include <stdio.h>
int fun(int t[],int n)
{
    int i,m;
    if(n==1)    return t[0];
    else if(n>=2)   {   m=fun(t,n-1);    return m;    }
}
int main()
{
    int a[]={11,4,6,3,8,2,3,5,9,2};
    printf("%d\n",fun(a,10));
    return 0;
}
```

4. 下列程序运行后，输出结果是_____。

```c
#include <stdio.h>
int f(int a[],int n)
{
    if(n>1)
        return a[0]+f(a+1,n-1);
    else
        return a[0];
}
int main()
{
    int a[10]={1,2,3,4,5,6,7,8,9,10},s;
    s=f(a+2,4);
    printf("%d\n",s);
    return 0;
}
```

5. 下列程序运行后，输出结果是_____。

```
#include <stdio.h>
void f(int b[],int n,int flag)
{
    int i,j,t;
    for(i=0;i<n-1;i++)
        for(j=i+1;j<n;j++)
            if(flag?b[i]>b[j]:b[i]<b[j])
                {t=b[i];b[i]=b[j];b[j]=t;}
}
int main()
{
    int a[10]={5,4,3,2,1,6,7,8,9,10},i;
    f(&a[2],5,0);
    f(a,5,1);
    for(i=0;i<10;i++)
            printf("%d,",a[i]);
    return 0;
}
```

6. 下列程序运行后，输出结果是_____。

```
#include <stdio.h>
void insert(char str[])
{
    int i;
    i=strlen(str);
    while(i>0)
    {
        str[2*i]=str[i];
        str[2*i-- -1]='*';
    }
}
int main()
{
    char str[20]="Hello";
    insert(str);
    printf("%s\n",str);
    return 0;
}
```

7. 下列程序运行后，输出结果是_____。

```
#include <string.h>
#include <stdio.h>
int main()
{
    char ch[]="abc",x[3][4];
      int i;
    for(i=0;i<3;i++)
            strcpy(x[i],ch);
    for(i=0;i<3;i++)
            printf("%s",&x[i][i]);
    printf("\n");
    return 0;
}
```

8. 下列程序运行后，输出结果是_____。

```
#include <stdio.h>
#include <string.h>
void fun(char s[][10],int n)
{
    char t;
    int i,j,k;
    for(i=0;i<n-1;i++)
        {
            k=i;
            for(j=i+1;j<n;j++)
```

```
                    if(s[i][0]>s[j][0])   k=j;
                if(k!=i)      {t=s[i][0];s[i][0]=s[k][0];s[k][0]=t;}
            }
    }
    int main()
    {
        char ss[5][10]={"bcc","bbcc","xy","aaaacc","aabcc"};
        fun(ss,5);
        printf("%s,%s\n",ss[0],ss[4]);
        return 0;
    }
```

（四）程序填空题

1. 下列程序的功能是求出数组 x 中每相邻两个元素的和并将其依次存放到数组 a 中，然后输出。请填空。

```
#include <stdio.h>
int main()
{
    int x[10],a[9],i;
    for(i=0;i<10;i++)
            scanf("%d",&x[i]);
    for(i=   (1)   ;i<10;i++ )
            a[i-1]=x[i]+   (2)   ;
    for(i=0;i<9;i++)
            printf("%d\t",a[i]);
    return 0;
}
```

2. 以下程序按图 1-6-12 所示数据给数组 x 的下三角置数，并按图 1-6-12 所示形式输出。请填空。

```
4
3   7
2   6   9
1   5   8   10
```

图 1-6-12   数据

```
#include <stdio.h>
int main()
{
    int x[4][4],n=0,i,j;
    for(j=0;j<4;j++)
        for(i=3;i>=j;   (1)   )
            {
                n++;
                x[i][j]=   (2)   ;
            }
    for(i=0;i<4;i++)
    {
        for(j=0;j<=i;j++)
            printf("%3d",x[i][j]);
        printf("\n");
    }
}
```

3. 下列程序中函数 f(int x[],int n)的功能是从数组 x 的 n 个数（假定 n 个数互不相同）中找出最大数和最小数，将最小的数与第一个数对换，把最大的数与最后一个数对换。请填空。

```
#include <stdio.h>
void f(int x[],int n)
{
    int p0,p1,i,j,t,m;
    i=j=x[0];
```

```
            p0=p1=0;
            for(m=0;m<n;m++)
                {
                    if(x[m]>i)    {i=x[m]; p0=m;}
                    else if(x[m]<j)  {j=x[m]; p1=m;}
                }
            t=x[p0];    x[p0]=___(1)___;  ___(2)___=t;
            t=x[p1];    x[p1]=x[0]; x[0]=t;
}
int main()
{
        int a[10],i;
        for(i=0;i<10;i++)
                scanf("%d",&a[i]);
        f(___(3)___);
        for(i=0;i<10;i++)
                printf("%5d",a[i]);
        printf("\n");
        return 0;
}
```

4. 函数 delData(int a[],int n,int pos)的功能是在长度为 *n* 的数组 a 中删除下标为 pos 的元素。请填空。

```
int delData(int a[],int n,int pos)
{       int i;
        if(pos>=0&&___(1)___)
        {       for(i=pos+1;i<n;i++)          //将位于待删除元素之后的所有元素依次前移
                        ___(2)___;
                return ___(3)___;             //返回数组中的剩余元素个数
        }
        else  return n;                       //删除位置不合法,未删除成功
}
```

5. 函数 insertData(int a[],int n,int pos,int x)的功能是把 *x* 插入长度为 *n* 的数组 a 中下标为 pos 的位置。请填空。

```
int insertData(int a[],int n,int pos,int x)
{
        int i;
        if(pos>=0&&pos<=n)                    //判断待插入位置是否有效
        {       for(i=n-1;___(1)___;i--)      //将元素后移
                        a[i+1]=a[i];
                a[___(2)___]=x;               //插入数据
                ___(3)___;
        }
        return n;
}
```

6. 函数 selectSort(int a[],int n)的功能是对长度为 *n* 的整型数组 a 采用选择排序法进行升序排序。请填空。

```
void selectSort(int a[],int n)
{       int i,j,maxIndex,temp;
        for(i=n-1;i>0;i--)
            {
                maxIndex=i;                   //初始最大值的位置
                for(j=i-1;___(1)___;j--)      //从 a[0..i-1]中找最大值
                        if(___(2)___)
                                maxIndex=j;
                if(maxIndex!=i)               //若最大值不在第 i 个位置,则将其存放到相应位置
                {       temp=a[i];
                        a[i]=___(3)___;
                        a[maxIndex]=temp;
                }
            }
}
```

7. 函数 binSearch(int a[],int left,int right,int key)的功能是在递增排序的数组 a[left..right]中采用二分查找法查找 key 的位置，若查找失败则返回-1。请填空。

```
int binSearch(int a[],int left,int right,int key)
{
      int mid;
      while(left<=right)
      {
            mid=(left+right)/2;              //二分
            if(      (1)      )             //查找成功
                  return mid;
            else if(key<a[mid])
                        (2)      ;          //将搜索区间缩小到左半部分
                  else
                        left=mid+1;          //将搜索区间缩小到右半部分
      }
         (3)      ;                          //查找失败
}
```

（五）程序设计题

1. 将从键盘上以字符串形式输入的十进制浮点数转换成对应的 double 型浮点数。例如，输入的字符串为"2642.367"，则转换后得到的值为 2642.367。要求设计函数 double readNumber(char s[])实现上述功能。

2. 将大于整数 m 且紧靠 m 的 k 个素数存入数组 a。请编写函数 getPrime(int a[],int m,int k)实现上述功能，并编写 main( )函数进行测试，m 和 k 的值均由用户从键盘输入。

3. 编写函数 convertStr(char s[][80],int m)，该函数的功能是把 s 中每行字符串的所有小写字母替换为该字母的下一个字母，即如果是字母 z，则将其替换成字母 a，其他字符保持不变。此外，编写 main( )函数进行测试。

4. 编写函数 jSort(char s[][N],int m)，该函数的功能是对 s 中的 m 行字符串，以行为单位，对下标为奇数的字符按其 ASCII 值从小到大的顺序进行排序，下标为偶数的字符顺序保持不变。

第7章
指针及其应用

一、本章学习要求

（1）了解指针的本质，掌握指针变量的定义与初始化方法，掌握利用指针间接访问变量的方法。

（2）理解值传递与地址传递的区别，掌握指针作为函数参数时参数的传递方式。

（3）掌握应用指针访问一维数组的方法，理解指针的算术运算与关系运算的含义。

（4）掌握使用字符指针表示及访问字符串的方法。

（5）理解行指针、列指针的基本概念，理解二维数组作为函数参数的本质。

（6）掌握指针数组的定义及使用方法。

（7）掌握动态内存分配函数及其使用方法。

（8）了解二级指针的概念及其应用场合。

二、本章思维导图及学习要点

1. 思维导图

本章思维导图如图 1-7-1 所示。

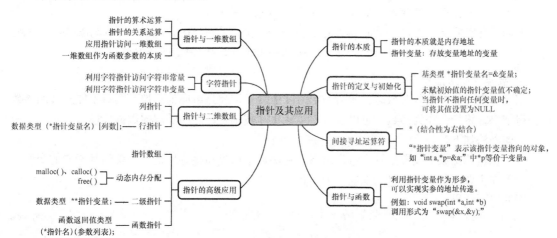

图 1-7-1　本章思维导图

2. 学习要点

 **要点 1：变量地址和指针**

计算机内存是以字节为单位的一片连续的存储空间，每个字节都有一个地址。在程序中，每定义一个变量，系统就会根据变量的类型为其分配相应数量的储存空间，该空间第 1 个字节的地址即为该变量的地址。

变量的地址被形象地称为**指针**，C 语言允许将变量地址存放在一种特殊的变量中，这种用来存放变量地址的变量就是**指针变量**。通过指针变量，可以间接访问指针变量指向的对象。

要点 2：指针变量的定义与初始化

定义指针变量的语法格式如下。

```
类型名    *指针变量名1,*指针变量名2,…;
```

示例如下。

```
int char *p,*q;
```

上述代码定义了两个整型指针变量 p 和 q，这两个变量可以用来存放 int 类型变量的地址。

未初始化的 auto 型指针变量的值是不确定的。在使用指针变量之前，应该让其指向一个具体的变量或将指针变量初始化为空指针。

（1）将指针变量指向一个具体的变量。

可以在定义指针变量时对其进行初始化，示例如下。

```
int a,*p=&a;    //把整型变量a的地址赋给p
```

也可以先定义指针变量，再使用赋值语句给指针变量赋初值，示例如下。

```
int a,*p;
p=&a;    //将变量a的地址存入变量p（注意：p之前不要加"*"符号）
```

（2）将指针变量初始化为空指针。

为了区分未初始化的指针变量与初始化后指向有效变量的指针变量，通常用 NULL 来初始化未指向任何有效变量的指针变量，示例如下。

```
int *p=NULL;
```

之后可通过"if（p!=NULL）"来判断 p 是否指向了有效变量，以确定可否访问 p 指向的对象。

要点 3：间接寻址运算符

C 语言通过间接寻址运算符（*）来访问指针指向的变量。其语法格式如下。

```
*指针
```

即当指针 p 保存了某变量的地址时，*p 代表其指向的变量。

例如，有变量定义语句"int a,*p=&a;"，则*p 代表的就是变量 a。此时，&*p 与&a 等价，*&a 与 a 等价，(*p)++等价于 a++。请注意(*p)++与*p++的区别，*p++等价于*(p++)。

要点 4：用指针作为函数参数

当普通变量作为函数参数时，实参与形参间的数据传递是单向值传递，实参不能从被调函数中获得结果。将指针作为参数，可以实现主调函数和被调函数之间的双向数据传递。

具体做法如下。

（1）在被调函数中设置指针变量为形参，在函数中通过间接寻址运算符访问其指向的变量。

（2）在主调函数中将变量的地址作为函数实参。

例如以下代码：

```
void init(int *p)        //形参为整型指针变量
{
        *p=0;
}
```

```
int main()
{
    int a=10;
    init(&a);                //实参为整型变量 a 的地址
    return 0;
}
```

在"init(&a);"执行后，变量 a 的值变为 0。

要点 5：指针的算术运算与关系运算

当指针指向内存中一串连续的存储单元时，可以通过对指针进行加减运算（加上或减去一个整数），让指针变量指向相邻的存储单元。

在对指针 p 进行诸如 p+n 或 p−n 的算术运算时，数字 n 代表 n 个存储单元，每个存储单元占多少字节视指针变量的基类型而定。

例如，指针变量的基类型是 int，则移动一个存储单元就是移动 4 字节；如果指针变量的基类型是 double，则移动一个存储单元就是移动 8 字节。

当两个同类型的指针变量同时指向一串连续的存储单元时，两个指针变量的差代表两个指针变量指示的位置间可存储的元素（类型为指针变量的基类型）的个数。

若两个指针变量 p 和 q 的基类型相同，则有以下结论。

（1）p 等于 q（即 p==q 为真）表示两个指针指向同一内存对象（变量）。

（2）p 大于 q（即 p>q 为真）表示 p 指向的内存地址比 q 指向的内存地址大。

（3）p 等于 NULL，表示 p 是一个空指针。

要点 6：应用指针访问一维数组

数组名代表数组在内存中的起始地址，若有定义语句"int a[N];"（N 为正整数且为常数），则 a 等价于&a[0]，*a 等价于 a[0]。a+i 表示 a[i]的地址，即 a+i 等价于&a[i]，而*(a+i)等价于 a[i]。

具有 N 个元素的一维数组 a（以 int 型为例）可采用下列方式进行输入或输出。

实现输入的代码如下。

```
int a[N],i;
for(i=0;i<N;i++)
        scanf("%d",a+i);         //a+i 等价于&a[i]
```

实现输出的代码如下。

```
for(i=0;i<N;i++)
        printf("%5d",*(a+i));    //*(a+i)等价于 a[i]
```

还可以采用指针变量来依次访问数组元素。

实现输入的代码如下。

```
int a[N],*p;
for(p=a;p<a+N;p++)
        scanf("%d",p);           //每循环一次，p 指向下一个单元
```

实现输出的代码如下。

```
int a[N],*p;
for(p=a;p<a+N;p++)
        printf("%5d",*p);        //每循环一次，p 指向下一个单元
```

要点 7：字符指针

字符指针可以用来保存字符串常量或字符串变量（字符数组）的地址。

（1）利用字符指针访问字符串常量。

例如，对字符指针变量 p 执行下面的赋值语句。

```
p="Computer Networks";
```

该字符串常量在内存中的起始地址将被赋给 p（而不是将整个字符串赋给 p）。字符指针变量 p 本身只占 4 字节，而其指向的这个字符串共占 18 字节，如图 1-7-2 所示。

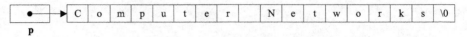

图 1-7-2　使用字符指针访问字符串常量

（2）利用字符指针访问字符串变量。

例如，有字符串存储在图 1-7-3 所示的字符数组中，应用字符指针变量 ptr 输出该字符串，代码如下。

```
char a[10]="China",*ptr=a;
while(*ptr!='\0')                        //输出字符串
        putchar(*ptr++);
```

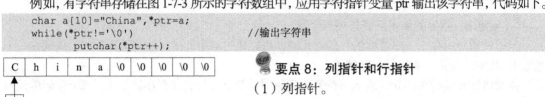

图 1-7-3　使用字符指针访问字符串变量

要点 8：列指针和行指针

（1）列指针。

一个 M 行 N 列的二维数组 a 可以看成 M 个 N 列的一维数组，这 M 个一维数组分别是 a[0]～a[M-1]，这里的 a[i]代表第 i 行的起始地址，这个地址称为**列地址**，即**列指针**。

由于二维数组在内存中连续存放，因此可以定义一个指针变量从 a[0][0]开始由低地址到高地址依次访问二维数组。利用指针将二维数组 a 的内容以矩阵的形式输出到屏幕上，代码如下。

```
int a[3][4]={0,1,2,3,4,5,6,7,8,9,10,11},*p,i,j;
p=a[0];                          //或 p=&a[0][0]，或 p=*(a+0)，或 p=*a
for(i=0;i<3;i++)
    {   for(j=0;j<4;j++)
            printf("%4d",*p++); //每输出一个元素，p 向后移动一个存储单元
            printf("\n");
    }
```

对于 M 行 N 列的二维数组 a，当 p 指向 a[0][0]时（即 p=&a[0][0]），a[i][j]的地址可表示为 **p+i*N+j**，则 a[i][j]可表示为 ***(p+i*N+j)**。

（2）行指针。

二维数组的名称是一个指针常量，它用于记录数组在内存中的起始地址。但该指针在逻辑上具有特殊的含义。该指针的算术运算是以二维数组中每行具有的列数为基本单位进行的，因此称它为**行指针**。例如，有以下定义语句：

```
int a[3][4]={0,1,2,3,4,5,6,7,8,9,10,11};
```

则在二维数组 a 中，a+1 表示第 1 行的起始地址，a+2 表示第 2 行的起始地址，以此类推。

C 语言允许定义行指针变量来指向二维数组的行地址。其语法格式如下。

```
数据类型 (*指针变量名)[列数];
```

示例代码如下。

```
int a[3][4]={0,1,2,3,4,5,6,7,8,9,10,11};
int (*p)[4];
p=a;
```

上述第二条语句定义了一个列数为 4 的行指针变量 p，该指针变量指向列数为 4 的二维数组的行地址。

执行"p=a;"后，p 保存了二维数组 a 的起始地址，此时可以用"p[i][j]"或"*(*(p+i)+j)"来等价访问 a[i][j]。此时，p 的算术运算是以 4 个 int 型存储单元为基本单位进行的。例如，执行"p=p+2;"语句，将使 p 向后移动 8 个 int 型存储单元（两行）。

要点 9：二级指针

定义二级指针变量的语法格式如下。

```
数据类型 **指针变量;
```

示例代码如下。

```
int a=10,*p,**pre;
p=&a;
pre=&p;
```

上述代码定义了一个整型变量 a，一个 int *型指针 p 和一个 int **型指针 pre。p 可用于保存 int 型变量的地址，而 pre 可用于保存 int *型指针变量的地址。此处，pre 为指向指针的指针变量。

执行 "p=&a;" 语句，可将 a 的地址存入 p；而执行 "pre=&p;" 语句，则将 p 的地址存入 pre。显然，此时*pre 等价于 p，而*p 和**pre 等价于 a。

要点 10：指向函数的指针

程序在执行时，其代码与数据都存放在内存中，因此，函数与变量一样，具有内存地址。当函数被调用时，系统根据函数名识别出函数在内存中的地址，从而将程序控制转移到相应的函数内执行。C 语言的函数名隐含函数的内存地址。因此，可以定义指向函数的指针变量来保存函数的地址。定义指向函数的指针的语法格式如下。

```
函数返回值类型 (*指针名)(参数列表);
```

示例代码如下。

```
int (*f)(int a,int b);
```

上述代码定义了一个函数指针 f，该指针可以保存返回值类型为 int 且参数为两个 int 型变量的函数地址。

例如，有如下两个函数定义：

```
int maxValue(int a,int b)
{
        return a>b?a:b;
}
int minValue(int a,int b)
{
        return a<b?a:b;
}
```

执行 "f=maxValue;" 语句，可将 maxValue( ) 的起始地址赋给函数指针变量 f。此时，(*f)(10,20) 等价于 maxValue (10,20)。

执行 "f=minValue;" 语句，可将 minValue( ) 的起始地址赋给函数指针变量 f。此时，(*f)(10,20) 等价于 minValue (10,20)。

　　C 语言规定 "(*f)(10,20);" 可简写为 "f(10,20);"，但建议采用 "(*f)(10,20);" 的方式，以显式地表明 f 为函数指针，增强程序的可读性。

利用函数指针可以将函数作为函数的参数，从而增强程序设计的灵活性。

三、典型例题分析

【例 1】下列语句或语句组中，能正确进行字符串赋值的是（　　　）。

A．char *sp; *sp="right!";　　　　　　　　B．char s[10]; s="right!";

C．char s[10]; *s="right";　　　　　　　　D．char *sp="right!";

【解析】答案为 D。本题考核的知识点是字符指针。A 选项中 sp 为字符指针变量，因为 sp 未赋初值，所以*sp（代表 sp 指向的内存单元）不能使用；B 选项中 s 是数组名，为地址常量，不能对其赋值；C 选项中的 s 为数组名，*s 表示 s[0]，不能被赋值为字符串常量；D 选项在定义字符指针 sp 时将其初始化为字符串常量"right!"的起始地址。

【例 2】若有定义语句 "int a[2][3],*p[3];"，则下列语句中正确的是（　　　）。

A．p=a;　　　　　　B．p[0]=a;　　　　　C．p[0]=&a[1][2];　　　　D．p[1]=&a;

【解析】答案为 C。本题考核的知识点是指针数组、行指针与列指针。此处 p 是大小为 3 的整型指针数组，p 本身为数组名，是地址常量，不能被赋值，因此 A 选项错误。数组 a 是二维数组，其名称代表数组 a 的起始地址，但 a 本身是行指针，p[0]是列指针，所以选项 B 错误。D 选项中 a 是地址常量，不能进行取地址操作。&a[1][2]是列地址，选项 C 正确。

【例 3】下列程序运行后，输出结果是（   ）。

```c
#include <stdio.h>
int main()
{
    char s[]="168",*p;
    p=s;
    printf("%c",*p++);
    printf("%c",*p++);
    return 0;
}
```

A. 16   B. 17   C. 18   D. 68

【解析】答案为 A。本题考核的知识点是指针的算术运算以及*运算符与++运算符的结合性。执行 "printf("%c",*p++);" 语句，在输出*p 的值后，将 p 的值加 1，使 p 指向下一个存储单元，因此两条输出语句分别输出了 1 和 6，答案为 A。

【例 4】下列程序运行后，输出结果是（   ）。

```c
#include <stdio.h>
void f(int *x,int *y)
{
    int t;
    t=*x;*x=*y;*y=t;
}
int main()
{
    int a[8]={1,2,3,4,5,6,7,8},i,*p,*q;
    p=a;q=&a[7];
    while(p<q)
    {
        f(p,q);
        p++; q--;
    }
    for(i=0;i<8;i++)
        printf("%d,",a[i]);
    return 0;
}
```

A. 8,2,3,4,5,6,7,1,   B. 5,6,7,8,1,2,3,4,   C. 1,2,3,4,5,6,7,8,   D. 8,7,6,5,4,3,2,1,

【解析】答案为 D。本题考核的知识点是指针作为函数参数。函数 f( )的功能是交换两个形参变量指向的变量内容。在 main( )函数中通过循环实现了数组 a 的首尾倒置，如图 1-7-4 所示，因此，本题答案为 D。

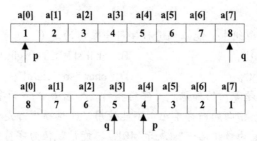

图 1-7-4　程序执行过程示意 1

【例 5】下列程序运行后，输出结果是（   ）。

```c
#include <stdio.h>
int main()
{
```

```
int a[3][3],*p,i;
p=&a[0][0];
for(i=0;i<9;i++)
        p[i]=i;
for(i=0;i<3;i++)
        printf("%d",a[1][i]);
return 0;
}
```

　　A．0 1 2　　　　　　B．1 2 3　　　　　C．2 3 4　　　　D．3 4 5

　　【解析】答案为 D。本题考核的知识点是列指针。该程序通过列指针 p，从 a[0][0]开始，按行优先的顺序给数组的 9 个元素依次赋值 0、1、2、3、4、5、6、7、8，由此可知第 1 行的内容为 3、4、5。

　　【例 6】下列程序运行后，输出结果是（　　　）。

```
#include <stdio.h>
void prt(int *m,int n)
{
    int i;
    for(i=0;i<n;i++)
        (*(m+i))++;
}
int main()
{
    int a[]={1,2,3,4,5},i;
    prt(a,5);
    for(i=0;i<5;i++)
        printf("%d,",a[i]);
    return 0;
}
```

　　A．1,2,3,4,5　　　　B．2,3,4,5,6　　　　C．3,4,5,6,7　　　D．2,3,4,5,1

　　【解析】答案为 B。本题考核列指针的使用方法。prt( )函数中的"(*(m+i))++"等价于"m[i]++"，prt(a,5)函数调用结束后，数组 a 的每个元素值都加了 1。

　　【例 7】在运行下列程序时输入"1 2 3↙"，则输出结果为（　　　）。

```
#include <stdio.h>
int main()
{
    int a[3][2]={0},(*ptr)[2]=a,i,j;
    for(i=0;i<2;i++)
        {
            scanf("%d",*ptr);
            ptr++;
        }
    for(i=0;i<3;i++)
        {   for(j=0;j<2;j++)
                printf("%2d",a[i][j]);
            printf("\n");
        }
    return 0;
}
```

　　A．运行出错　　　　B．1 0　　　　　　C．1 2　　　　　D．1 0
　　　　　　　　　　　　　　2 0　　　　　　　3 0　　　　　　　2 0
　　　　　　　　　　　　　　0 0　　　　　　　0 0　　　　　　　3 0

　　【解析】答案为 B。本题考核的是行指针的使用方法。ptr 为行指针，程序共执行了两次输入语句。第 1 次输入的"1"存入 a[0][0]（此时 ptr 指向第 0 行的起始地址，*ptr 代表 a[0][0]的列地址）。执行"ptr++;"语句后，prt 指向第 1 行的首地址，因此"2"被存入 a[1][0]。而输入的"3"在缓冲区中未被存入数组单元，因此输出的结果为选项 B 所示的矩阵。

　　【例 8】下列函数的功能是（　　　）。

```
int fun(char *a,char *b)
{
```

```
    while((*a!='\0')&&(*b!='\0')&&(*a==*b))
        { a++; b++;}
    return (*a-*b);
}
```

A. 计算 a 和 b 所指字符串的长度之差

B. 将 b 所指字符串复制到 a 所指字符串中

C. 将 b 所指字符串连接到 a 所指字符串之后

D. 比较 a 和 b 所指字符串的大小

【解析】答案为 D。本题考核字符指针及字符串的相关处理方法。"while((*a!='\0')&&(*b!='\0')&&(*a==*b)) { a++; b++;}"的功能是查找两个字符串中第 1 个不相等字符的位置，找到后，以"*a-*b"的值作为函数的返回结果，这与 strcmp( )函数的功能相同。

【例 9】下列程序运行后，输出结果是（   ）。

```
#include <stdio.h>
void fun(char *t,char *s)
{
    while(*t!=0)    t++;
    while((*t++=*s++)!=0);
}
int main()
{
    char ss[20]="abc",aa[10]="bbxxyy";
    fun(ss,aa);
    printf("%s,%s\n",ss,aa);
    return 0;
}
```

A. abcxyy,bbxxyy   B. abc,bbxxyy   C. abcxxyy,bbxxyy   D. abcbbxxyy,bbxxyy

【解析】答案为 D。本题考核字符指针及字符串复制操作。"while(*t!=0) t++;"的功能是查找字符串 t 的结束标识，查找结束后 t 指向'\0'；循环语句"while((*t++=*s++)!=0);"的功能是将字符串 s 的内容依次复制到 t 指示的位置，直到将 s 中的'\0'复制后循环才会结束，如图 1-7-5 所示。

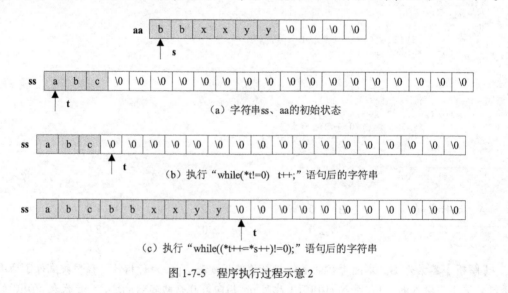

（a）字符串ss、aa的初始状态

（b）执行"while(*t!=0)   t++;"语句后的字符串

（c）执行"while((*t++=*s++)!=0);"语句后的字符串

图 1-7-5 程序执行过程示意 2

【例 10】下列程序运行后，输出结果是（   ）。

```
#include <stdio.h>
void fun(int n,int *p)
{
    int f1,f2;
    if(n==1||n==2) *p=1;
```

```
        else
        {
            fun(n-1,&f1);
            fun(n-2,&f2);
            *p=f1+f2;
        }
}
int main()
{
    int s;
    fun(6,&s);
    printf("%d\n",s);
    return 0;
}
```
A. 2   B. 3   C. 5   D. 8

【解析】答案为 D。本题考核指针作为函数参数的使用方法及递归算法的应用。函数 fun(int n,int *p) 的功能是采用递归法求数列的第 n 项的值，通过函数体可知，当 n==1 或 n==2 时，数列的值为 1；当 n 大于 2 时，数列的值等于前两项的和。由此可以推出，当 n 等于 6 时，数列的第 6 项的值为 8。

【例 11】下列程序运行后，输出结果是（   ）。

```
#include <stdio.h>
void fun(char *p)
{
    p+=3;
}
int main()
{
    char b[4]={'a','b','c','d'},*p=b;
    fun(p);
    printf("%c\n",*p);
    return 0;
}
```
A. a   B. b   C. c   D. d

【解析】答案为 A。本题考核函数参数值的传递。调用 fun(p)函数时，实参 p 的值（即&b[0]）赋给 fun( )的形参，在 fun( )函数中执行"p+=3;"语句，只能修改形参 p 的值（执行后 p 中保存了 b[3]的地址），函数调用结束后，形参 p 的空间被释放，main( )函数中的 p 仍保存的是 b[0]的地址。

【例 12】下列程序运行后，输出结果是（   ）。

```
#include <stdio.h>
void fun(int *s,int left,int right)
{
    int t;
    if(left<right)
        {
            t=*(s+left); *(s+left)=*(s+right); *(s+right)=t;
            fun(s,left+1,right-1);
        }
}
int main()
{
    int a[10]={1,2,3,4,5,6,7,8,9,0},k;
    fun(a,0,3);
    fun(a,4,9);
    fun(a,0,9);
    for(k=0;k<10;k++)
            printf("%d",a[k]);
    printf("\n");
    return 0;
}
```
A. 0987654321   B. 4321098765   C. 5678901234   D. 0987651234

【解析】答案为 C。本题考核使用指针访问一维数组的方法及递归算法的应用。函数 fun(int

*s,int left,int right)的功能是采用递归法对数组 s[]进行首尾倒置。fun(a,0,3)、fun(a,4,9)和 fun(a,0,9)
函数调用后，实现了将数组 a 循环左移 4 位，如图 1-7-6 所示。

a[0]	a[1]	a[2]	a[3]	a[4]	a[5]	a[6]	a[7]	a[8]	a[9]
1	2	3	4	5	6	7	8	9	0

（a）数组 a 的初始状态

a[0]	a[1]	a[2]	a[3]	a[4]	a[5]	a[6]	a[7]	a[8]	a[9]
4	3	2	1	5	6	7	8	9	0

（b）fun(a,0,3)执行结束后的数组

a[0]	a[1]	a[2]	a[3]	a[4]	a[5]	a[6]	a[7]	a[8]	a[9]
4	3	2	1	0	9	8	7	6	5

（c）fun(a,4,9)执行结束后的数组

a[0]	a[1]	a[2]	a[3]	a[4]	a[5]	a[6]	a[7]	a[8]	a[9]
5	6	7	8	9	0	1	2	3	4

（d）fun(a,0,9)执行结束后的数组

图 1-7-6　程序执行过程示意 3

【例 13】下列程序运行后，输出结果是（　　　）。

```c
#include <string.h>
#include <stdio.h>
void fun(char *s,char *t)
{
    char k;
    k=*s; *s=*t; *t=k;
    s++; t--;
    if(*s) fun(s,t);
}
int main()
{
    char str[10]="abcdefg",*p;
    p=str+strlen(str)/2+1;
    fun(p,p-2);
    printf("%s\n",str);
    return 0;
}
```

　A．abcdefg　　　　　　　B．gfedcba　　　　C．gbcdefa　　　　D．abedcfg

【解析】答案为 B。本题考核字符指针的使用方法与递归算法的应用。"p=str+strlen(str)/2+1;"
语句执行后，p 指向 str[4]。fun(p,p-2)通过递归调用，先后将 str[4]与 str[2]、str[5]与 str[1]、str[6]
与 str[0]交换，最终实现 str 字符串的倒置。

【例 14】下列程序运行后，输出结果是（　　　）。

```c
#include <stdio.h>
int fun(int (*s)[4],int n,int k)
{
    int m,i;
    m=s[0][k];
    for(i=1;i<n;i++)
        if(s[i][k]>m) m=s[i][k];
    return m;
}
int main()
{
```

```
    int a[4][4]={{1,2,3,4},{11,12,13,14},{21,22,23,24},{31,32,33,34}};
    printf("%d\n",fun(a,4,0));
    return 0;
}
```

A. 4　　　　　　　　B. 34　　　　　　　C. 31　　　　　　D. 32

【解析】答案为 C。本题考核行指针的应用及查找最大数算法。以上代码中，函数 fun(int (*s)[4], int n,int k)的功能是在二维数组 s 的前 n 行中查找第 k 列中的最大数，fun(a,4,0)函数调用结束后，函数返回 a 中第 0 列的最大数 31。

【例 15】下列程序运行后，输出结果是（　　　）。

```
#include <stdio.h>
float f1(float n)
{
    return n*n;
}
float f2(float n)
{
    return 2*n;
}
int main()
{
    float (*p1)(float),(*p2)(float),(*t)(float),y1,y2;
    p1=f1;
    p2=f2;
    y1=p2(p1(2.0));
    t=p1; p1=p2; p2=t;
    y2=p2(p1(2.0));
    printf("%3.0f, %3.0f\n",y1,y2);
    return 0;
}
```

A. 8，16　　　　　　B. 8，8　　　　　　C. 16，16　　　　　D. 4，8

【解析】答案为 A。本题考核函数指针的使用方法。p1、p2 与 t 均为函数指针，"p1=f1; p2=f2;"语句执行后，"y1=p2(p1(2.0));"等价于"y1=f2(f1(2.0));"，执行"t=p1; p1=p2; p2=t;"语句可实现 p1 与 p2 内容的交换，因此"y2=p2(p1(2.0));"等价于"y2=f1(f2(2.0));"。据此可知，y1 的值为 8，y2 的值为 16。

【例 16】下列程序运行后，输出结果是（　　　）。

```
#include <string.h>
#include <stdio.h>
void fun(char *s[],int n)
{
    char *t; int i,j;
    for(i=0;i<n-1;i++)
        for(j=i+1;j<n;j++)
            if(strcmp(s[i],s[j])>0)
                {  t=s[i]; s[i]=s[j]; s[j]=t;  }
}
int main()
{
    char *t[5]={"Think in Java","C programming language","Data Structure","A Writer\'s
Reference","Big Data"};
    fun(t,5);
    printf("%s\n",t[0]);
    return 0;
}
```

A. Think in Java　　　　　　　　　　B. C programming language

C. Big Data　　　　　　　　　　　　D. A Writer's Reference

【解析】答案为 D。本题考核指针数组的使用方法及冒泡排序算法。函数 fun(char *s[],int n)的功能是采用冒泡排序法对字符串数组中存储的 n 行字符串按照字典序进行排列，fun(t,5)函数调用前后，t 的内容变化情况如图 1-7-7 所示。

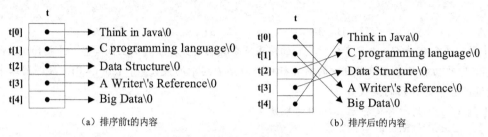

(a) 排序前t的内容　　　　　　　　　　　(b) 排序后t的内容

图 1-7-7　程序执行过程示意 4

【例 17】下列程序运行后，输出结果是（　　　）。

```
#include <stdio.h>
void fun(char **p)
{
    ++p;
    printf("%s\n",*p);
}
int main()
{
    char *a[]={"Morning","Afternoon","Evening","Night"};
    fun(a);
    return 0;
}
```

　A．Afternoon　　　　　B．fternoon　　　　　C．Morning　　　　　D．orning

【解析】答案为 A。本题考核指针数组的使用方法。调用 fun(a)函数时，形参 p 获得指针数组 a 的起始地址（指向 a[0]）；执行 "++p;" 语句后，p 指向 a[1]，因此执行 "printf("%s\n",*p);" 语句后，输出结果是 Afternoon。

【例 18】下列程序运行后，输出结果是＿＿＿＿。

```
#include <stdio.h>
int main()
{
    int a[]={1,3,5,7,9,11,13,15},*p=a+5,i;
    for(i=3;i;i--)
        {
            switch(i)
                {
                    case 1:
                    case 2: printf("%d",*p++);  break;
                    case 3: printf("%d",*(--p));
                }
        }
    return 0;
}
```

【解析】答案为 9911。本题考核列指针及 switch case 语句的使用方法。在第一次循环中，指针 p 的初值为 a[5]的地址，当 i 等于 3 时，执行 case 3 分支语句；"printf("%d",*(--p));" 语句执行时，先将 p 的内容减 1，再输出*p 的内容，此时 p 指向 a[4]，因此输出 9。

在第二次循环中，i 等于 2，执行 case 2 分支语句，"printf("%d",*p++);" 语句执行时，先输出 "*p"（a[4]）的值，再将 p 增加 1，指向 a[5]，执行 break 语句后进入下一次循环。当 i 等于 1 时，也是执行 case 2 分支语句，先输出 a[5]，再将 p 的值增加 1，指向下一存储单元。综上所述，输出结果为 9911。

【例 19】下列程序运行后，输出结果是＿＿＿＿。

```
#include <stdio.h>
#define N 7
```

```
int fun(int *a,int x,int n)
{
    int j;
    *a=x; j=n;
    while(x!=a[j])
        j--;
    return j;
}
int main()
{
    int a[N+1],k;
    for(k=1;k<=N;k++)
        a[k]=k+1;
    printf("%d\n",fun(a,4,N));
    return 0;
}
```

【解析】答案为 3。本题考核数组名作为函数参数及顺序查找算法的使用方法。函数 fun(int *a, int x,int n)的功能是在数组 a 中查找值与 x 相等的数组元素所在的位置，若查找不成功，则返回 0。"*a=x;"的作用是将 x 存放在 a[0]中，它起到了"哨兵"的作用，在用 j 从后向前查找元素的过程中，若查找不成功，当遇到 a[0]时，查找过程自动结束，如图 1-7-8 所示。

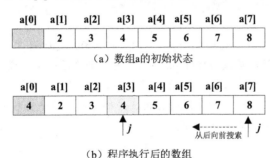

（a）数组a的初始状态

（b）程序执行后的数组

图 1-7-8　程序执行过程示意 5

【例 20】下列程序运行后，输出结果是＿＿＿＿＿＿。

```
#include <string.h>
#include <stdio.h>
char *fun(char *s)
{
    char *p,t;
    p=s+1;
    t=*s;
    while(*p)
        {
            *(p-1)=*p;
            p++;
        }
    *(p-1)=t;
    return s;
}
int main()
{
    char *p,str[10]="abcdefgh";
    p=fun(str);
    puts(p);
    return 0;
}
```

【解析】答案为 bcdefgha。本题考核字符指针的应用。函数 fun(char *s)的功能是将字符数组 s 中的字符向左移一位。

【例 21】回文是指正向与反向的拼写都一样的字符串。下列程序中，palindrome ( )函数的功能是检查一个字符串是不是回文，当字符串是回文时，函数返回"yes!"，否则函数返回"no!"，并在主函数中输出。请在横线上填上适当的语句或表达式。

```c
#include <string.h>
#include <stdio.h>
char *palindrome(char *str)
{
    char *p1,*p2;
    int t=1;
    p1=str;
    p2=_____(1)_____;
    while(p1<p2)
            if(*p1++!=*p2--)
                    {   t=0; break;  }
    if(_____(2)_____)    return("yes!");
            else    return("no!");
}
int main()
{
    char str[50];
    printf("Input a string:");
    scanf("%s",str);
    printf("%s\n",palindrome(str));
    return 0;
}
```

【解析】答案为：（1）str+(strlen(str)−1)；（2）t，或 t!=0，或 t==1，或 p1>=p2。本题考核字符指针的应用。第 1 个空的语句应该实现让 p2 指向字符串的最后一个位置。根据程序的逻辑，若遇到对称位置不相等的字符，则标识变量 t 的值被修改为 0，据此可确定第 2 个空应该填写的表达式。

【例 22】下面的程序以 prog.c 为名进行存盘，经编译链接后产生 prog.exe 可执行文件，若在命令行下运行该程序，且输入的命令如下。

```
>prog C++ Java Python
```

则程序的输出结果为_____。

```c
#include <stdio.h>
int main(int argc,char *argv[])
{   int i;
    printf("argc=%d\n",argc);
    for(i=0;i<argc;i++)
            printf("argv[%d]:%s\n",i,argv[i]);
    return 0;
}
```

【解析】程序运行后，输出结果如下。

```
argc=4
argv[0]:prog
argv[1]:C++
argv[2]:Java
argv[3]:Python
```

本题考核 main( )函数的参数。Linux 等操作系统提供命令行操作界面，Windows 操作系统通过 cmd.exe 程序提供命令行操作界面。

在命令行操作界面中输入如下命令。

```
copy C:\Windows\win.ini  D:\
```

执行上述代码可将 C:\Windows\win.ini 文件复制到 D 盘根目录。C:\Windows\win.ini 和 D:\是 copy 命令的两个命令行参数。

```
ping 192.168.0.1
```

上述命令用于检查当前计算机能否正常连接 IP 地址为 192.168.0.1 的主机或网络路由器。IP 地址 192.168.0.1 为 ping 命令的唯一参数。

使用 C 语言编写的程序也可以借助命令行来执行。若程序需要接收来自命令行的参数，则需要通过 main( )函数的两个形参来实现。

main( )函数的函数原型如下。

```
int main(int argc,char *argv[])
```

其中，整型变量 argc 用来记录命令行命令中参数的总个数，其值为参数的总个数加 1，该值在 C 语言程序运行时自动计算出来；字符型指针数组 argv 指向命令行中的各个参数，将每一个以空格为分隔符的参数视为一个字符串，存放其起始地址，argv 的容量由 argc 确定。在 main( )函数中使用 argc 和 argv 这两个参数，可以把在命令行中输入的文件名及参数传递到程序的内部进行处理。

对于本例中的 prog.c，程序在运行时自动计算出 argc 的值为 4，并确定数组 argv 的元素个数为 4，argv[0]用于存放程序名，argv[0]~argv[3]的内容如图 1-7-9 所示。

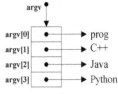

图 1-7-9　命令行参数示意

四、自测题

（一）单项选择题

1. 若有定义语句 "int w[3][5];"，则下列不能正确表示该数组元素的表达式是（　　）。

    A. *(*w+3)　　　　　B. (*(w+1))[4]　　C. *(*(*w+1))　　D. *(&w[0][0]+1)

2. 下列程序运行后，输出结果是（　　）。

```
#include <stdio.h>
int main()
{    int a[10]={1,2,3,4,5,6,7,8,9,10},*p=&a[3],*q=p+2;
     printf("%d\n",*p+*q);
     return 0;
}
```

    A. 16　　　　　　　　B. 10　　　　　　　C. 8　　　　　　　D. 6

3. 下列程序运行后，输出结果是（　　）。

```
#include <stdio.h>
void f(int *q)
{    int i=0;
     for(;i<5;i++)
            (*q)++;
}
int main()
{    int a[5]={1,2,3,4,5},i;
     f(a);
     for(i=0;i<5;i++)
          printf("%d,",a[i]);
     return 0;
}
```

    A. 2,2,3,4,5,　　　　B. 6,2,3,4,5,　　　C. 1,2,3,4,5,　　　D. 2,3,4,5,6,

4. 下列关于 fun( )函数的功能的叙述正确的是（　　）。

```
#include <stdio.h>
int fun(char *s)
{    char *t=s;
     while(*t++);
          t--;
     return (t-s);
}
```

    A. 求字符串 s 的长度　　　　　　　B. 比较两个字符串的大小

    C. 将字符串 s 复制到字符串 t　　　　D. 求字符串 s 所占的字节数

5. 下列程序运行后，输出结果是（　　　　）。

```
#include <stdio.h>
void f(int n,int *r)
{
    int r1=0;
    if(n%3==0)  r1=n/3;
        else   if(n%5==0) r1=n/5;
                    else f(--n,&r1);
    *r=r1;
}
int main()
{   int m=7,r;
    f(m,&r); printf("%d",r);
    return 0;
}
```

    A. 2　　　　　　　　　　B. 1　　　　　　　　C. 3　　　　　　　　D. 0

6. 下列程序运行后，输出结果是（　　　　）。

```
#include <stdio.h>
void fun1(char *p)
{   char *q;
    q=p;
    while(*q!='\0')
    {
        (*q)++;  q++;
    }
}
int main()
{   char a[]={"Program"},*p;
    p=&a[3];
    fun1(p);
    printf("%s\n",a);
    return 0;
}
```

    A. Prohsbn　　　　B. Prphsbn　　　C. Progsbn　　　D. Program

7. 下列程序运行后，输出结果是（　　　　）。

```
#include <stdio.h>
void swap(char *x,char *y)
{   char t;
    t=*x; *x=*y; *y=t;
}
int main()
{       char s1[]="abc",s2[]="123";
        swap(s1,s2);
        printf("%s,%s\n",s1,s2);
        return 0;
}
```

    A. 123,abc　　　　B. abc,123　　　C. 1bc,a23　　　D. 321,cba

8. 有下列程序：

```
int add(int a,int b) {return (a+b);}
int main()
{   int k,(*f)(),a=5,b=10;
        f=add;
    …
}
```

下列函数调用语句错误的是（　　　　）。

    A. k=(*f)(a,b);　　　B. k=add(a,b);　　　C. k=*f(a,b);　　　D. k=f(a,b);

9. 下列程序运行后，输出结果是（　　　　）。

```
#include <stdio.h>
void fun(char *a,char *b)
{
```

```
        while(*a=='*')
            a++;
        while(*b=*a)
            {   b++;    a++;    }
}
int main()
{   char *s="*****a*b****",t[80];
    fun(s,t);
    puts(t);
    return 0;
}
```

    A. *****a*b   B. a*b   C. a*b****   D. ab

10. 有下列程序：

```
#include <stdio.h>
int main(int argc,char *argv[])
{   int n=0,i;
    for(i=1;i<argc;i++)
        n=n*10+*argv[i]-'0';
    printf("%d\n",n);
    return 0;
}
```

上述程序编译链接后生成可执行文件 tt.exe。若运行该文件时输入以下命令：

```
>tt 12 345 678
```

则输出结果是（   ）。

    A. 12   B. 12345   C. 12345678   D. 136

（二）填空题

1. 若有定义语句 "char ch[]="uvwxyz",*pc=ch;"，则执行 "printf("%c",*(pc+5));" 语句后，输出结果是____；执行 "printf("%c",*(pc+strlen(pc)/2));" 语句后，输出结果是_____。

2. 若有定义语句 "int a[]={1,2,3,4},y,*p=&a[3];"，则执行语句 "--p; y=*p; printf("y=%d\n",y);" 后，输出结果是_____。

3. 动态申请 10 个 int 型空间，并将地址返回给指针变量 p 的语句是_____或_____。

4. 已有语句 "int *p;"，则定义二级指针变量 q，并将 p 的地址存入其中的语句是_____。

5. 假设已有整型数组定义语句 "int a[2][4];"，则定义行指针变量 p，将其初始化为数组 a 的第 1 行的地址的语句是_____。

6. 定义大小为 5 的 char 型指针数组 p，并将其所有元素初始化为 NULL 的语句是_____。

7. 已知 short int 型变量占用 2 字节，假设 short int 型指针变量 p、q、r 分别指向数组的 3 个单元，如图 1-7-10 所示，则 q-p 的值是_____，应用 3 个指针变量实现与 "a[1]=a[3]+a[6];" 相同功能的语句是_____。

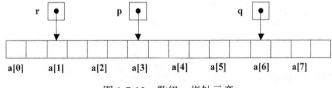

图 1-7-10　数组、指针示意

8. 已有函数声明语句 "int *fun(int *a,int b);"，则定义指向函数 fun( ) 的函数指针 p 的语句是_____。

9. 若有定义语句 "int a[]={2,4,6,8},*p=a+2;"，则执行语句 "printf("%d",*p--);" 后，输出结果是_____。

10. 已有定义语句 "char a[10]="ABCD",b[10]="1234",*p=a+1,*q=b;"，则执行 "while

(*p++=*q++); puts(a);"语句后，输出结果是＿＿＿＿＿＿＿＿＿。

（三）程序阅读题

1. 下列程序运行后，输出结果是＿＿＿＿＿。

```
#include <stdio.h>
int b=2;
int fun(int *k)
{    b=*k+b;
     return b;
}
int main()
{
     int a[10]={1,2,3,4,5,6,7,8},i;
     for(i=2;i<4;i++)
     {    b=fun(&a[i])+b;
          printf("%d ",b);
     }
     return 0;
}
```

2. 下列程序运行后，输出结果是＿＿＿＿＿。

```
#include <stdio.h>
int main()
{    int a=1,b=3,c=5,*p;
     int *p1=&a,*p2=&b,*p3=&c;
     p=(int)malloc(sizeof(int));
     *p=*p1*(*p2)-*p3;
     printf("%d\n",*p);
     free(p);
     return 0;
}
```

3. 下列程序运行后，输出结果是＿＿＿＿＿。

```
#include <stdio.h>
void swap(int *a,int *b)
{    int *t;
     t=a;a=b;b=t;
}
int main()
{
     int i=3,j=5,*p=&i,*q=&j;
     swap(p,q);
     printf("%d %d\n",*p,*q);
     return 0;
}
```

4. 在下列程序运行时输入"10 30 20↙"，则程序的输出结果是＿＿＿＿＿＿。

```
#include <stdio.h>
int main()
{    int x,y,z,m,*px,*py,*pz,*pm;
     scanf("%d%d%d",&x,&y,&z);
     px=&x; py=&y; pz=&z;
     pm=&m;
     *pm=*px;
     if(*pm<*py)    *pm=*py;
     if(*pm<*pz)    *pm=*pz;
     printf("m=%d\n",m);
     return 0;
}
```

5. 下列程序运行后，输出结果是＿＿＿＿＿。

```
#include <stdio.h>
int fun(int *x,int n)
{    if(n==0)
          return x[0];
     else return x[0]+fun(x+1,n-1);
```

```
}
int main()
{    int a[]={1,2,3,4,5,6,7};
     printf("%d\n",fun(a,3));
     return 0;
}
```

6.　下列程序运行后，输出结果是_____。

```
#include <stdio.h>
int main()
{    int x[]={1,2,3,4,5,6,7,8,9,10,11,12,13,14,15,16},*p[4],i;
     for(i=0;i<4;i++)
     {
           p[i]=&x[2*i+1];
           printf("%d",p[i][0]);
     }
     printf("\n");
     return 0;
}
```

7.　下列程序运行后，输出结果是_____。

```
#include <stdio.h>
#include <string.h>
void fun(char *s[],int n)
{    char *t;int i,j;
     for(i=0;i<n-1;i++)
           for(j=i+1;j<n;j++)
                if(strlen(s[i])>strlen(s[j]))
                     {    t=*(s+i);  *(s+i)=*(s+j);   *(s+j)=t; }
}
int main()
{    char *ss[]={"bcc","bbcc","xy","aaaacc","aabcc"};
     fun(ss,5);
     printf("%s,%s\n",*ss,*(ss+4));
}
```

8.　下列程序运行后，输出结果是_____。

```
#include <stdio.h>
void swap1 (int a0[],int a1[])
{    int t;
     t=a0[0]; a0[0]=a1[0]; a1[0]=t;
}
void swap2(int *a0,int *a1)
{    int t;
     t=*a0; *a0=*a1; *a1=t;
}
int main()
{    int a[2]={3,5},b[2]={3,5};
     swap1(a,a+1);
     swap2(&b[0],&b[1]);
     printf("%d %d %d %d\n",a[0],a[1],b[0],b[1]);
     return 0;
}
```

9.　下列程序运行后，输出结果是_____。

```
#include <stdio.h>
int main()
{    char *p[]={"3697","2584"};
     int i,j;
     long num=0;
     for(i=0;i<2;i++)
           {
                j=0;
                while(p[i][j]!='\0')
                {
                     if((p[i][j]-'0')%2)
                           num=10*num+p[i][j]-'0';
```

```
                        j+=2;
                }
        }
    printf("%ld\n",num);
    return 0;
}
```

10. 下列程序运行后，输出结果是_____。

```
#include <stdio.h>
double fun(char s[])
{   int k=0;
    double n=0;
    while(*s<='9'&&*s>='0')
        {   n=10*n+*s-'0';
            s++;
        }
    if(*s=='.') s++;
    while(*s<='9'&&*s>='0')
        {   n=10*n+*s-'0';
            k++;
            s++;
        }
    while(k>=1)
        {   n/=10;
            k--;
        }
    return(n);
}
int main()
{   char s[10]={'2','1','5','9','.','4','8','6'};
    printf("%.2f\n",fun(s));
    return 0;
}
```

11. 阅读下面的程序，回答以下问题。

（1）写出程序的运行结果。

（2）说明函数 fun( ) 的功能。

```
#include <stdio.h>
void fun(int *a,int n)
{   int t,i,j;
    for(i=n-2;i>=0;i--)
        {   t=a[i];
            j=i+1;
            while(j<n&&t>a[j])
                {   a[j-1]=a[j];
                    j++;
                }
            a[j-1]=t;
        }
}
int main()
{   int c[10]={20,10,30,50,40,70,60,100,90,80},i;
    fun(c,10);
    for(i=0;i<10;i++)
            printf("%d,",c[i]);
    printf("\n");
    return 0;
}
```

12. 阅读下面的程序，当输入"ak123x456 17960?302gef4563"时，程序的输出结果是什么？

```
#include <stdio.h>
#include <stdlib.h>
int getnum(char *p,int a[])
{   int count=0,num=0;
    while(*p!='\0')
    {   if(*p>='0'&&*p<='9')
```

```
        {        while(*p!='\0'&&(*p>='0'&&*p<='9'))
                 {        num=(10*num)+(*p-'0');
                          p++;
                 }
                 a[count++]=num;
                 num=0;
        }
        if(*p!='\0') p++;
    }
    return count;
}
int main()
{    char st[100];
    int a[100];
    int i,sum;
    printf("请输入字符串: ");
    gets(st);
    sum=getnum(st,a);
    printf("sum=%d:\n",sum);
    for(i=0;i<sum;i++)
         printf("%6d",a[i]);
    return 0;
}
```

（四）程序填空题

1. 下列程序中的函数 char *myStrcat(char *t,char *s)用于实现将字符串 s 连接到字符串 t 之后，并返回目标字符串起始地址。请填空。

```
char *myStrcat(char *t,char *s)
{        char *p=t;           //保存目标字符串起始地址
        while(   (1)   )      //找目标字符串串尾
             p++;
        while(*s!='\0')        //将字符串 s 复制到字符串 t 后
        {          (2)        ;    }
        *p=   (3)   ;
        return t;
}
```

2. 下列程序中的函数 myStrcpy( )用于实现字符串的两次复制，即将 s 所指的字符串复制两次到 t 所指的内存空间中。例如，s 所指的字符串为"abcd"，调用 myStrcpy(t,s)后，t 所指的字符串为"abcdabcd"。请填空。

```
#include <stdio.h>
void myStrcpy(char *t,char *s)
{    char *p=s;
    while(*t++=*s++);
         (1)   ;
    while(*t++=   (2)   );
}
int main()
{    char str1[100]="efgh",str2[]="abcd";
    myStrcpy(str1,str2);
    printf("%s\n",str1);
    return 0;
}
```

3. 下列程序中，函数 fun( )的功能是返回 str 所指的字符串中以形参 c 中字符开头的后续字符串的起始地址。例如，str 所指的字符串为"Hello!"，c 中的字符为'e'，则调用 fun( )函数后会返回字符串"ello!"的起始地址。若 str 所指的字符串为空串或不包含 c 中的字符，则调用 fun( )函数会返回 NULL。请填空。

```
#include <stdio.h>
    (1)   fun(char *str,char c)
{    int i=0;
    if(str!=NULL)
    while(str[i]!='\0'&&str[i]!=c)    i++;
```

```
                if(str[i]=='\0') return NULL;
                return (_____(2)_____);
}
```

4. 下面的程序利用列指针 p 以 3 行 4 列的矩阵形式输出二维数组的元素，请填空。

```
#include <stdio.h>
int main()
{     int a[3][4]={0,1,2,3,4,5,6,7,8,9,10,11};
      int *p,i,j;
      p=____(1)____;           //让 p 指向数组 a 的起始地址
      for(i=0;i<3;i++)
           {    for(j=0;j<4;j++)
                    printf("%4d",____(2)____);//要求使用指针 p,不能填 a[i][j]
                printf("\n");
           }
      return 0;
}
```

5. 下面的程序利用行指针 p 以 3 行 4 列的矩阵形式输出二维数组的元素，请填空。

```
#include <stdio.h>
int main()
{     int a[3][4]={0,1,2,3,4,5,6,7,8,9,10,11};
      int ____(1)____,i,j;
      p=a;                        //行指针 p 被赋值为数组的起始地址
      for(i=0;i<3;i++)
           {    for(j=0;j<4;j++)
                    printf("%4d",____(2)____);
                printf("\n");
           }
      return 0;
}
```

6. 假设指针数组 index 中各单元已保存了二维数组中各行的地址，初始索引表如图 1-7-11（a）所示。函数 selectSort( )的功能是为 index 指针数组重建索引，将 file 中各字符串按字典序升序排列，如图 1-7-11（b）所示。请填空。

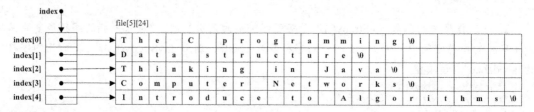

（a）初始索引表

（b）按字典序升序排列的索引表

图 1-7-11　索引表示意

```
/*
    @函数名称：selectSort
    @入口参数：char *index, int n
    @函数功能：采用简单选择排序法对索引表排序
*/
void selectSort(char *index[],int n)
{     char *temp;
```

```
        int i,j,minIndex;
        for(i=0;i<n-1;i++)
        {   minIndex=i;
            for(j=____(1)____;j<n;j++)
                    if(_____(2)_____)
                        minIndex=j;
            if(____(3)____)            //交换指针
            {   temp=index[i];
                index[i]=index[minIndex];
                index[minIndex]=temp;
            }
        }
    }
```

（五）程序设计题

1. 编写函数 insert(char *s1,char *s2,int f)，实现在字符串 s1 中的指定位置 f 处插入字符串 s2，若 f 不在字符串 s1 内，则不插入。（本题要求不使用字符串处理函数。）

2. 编写函数 char *merge(char *s1,char *s2)，将两个有序（升序）的字符串 s1 和 s2 合并成一个新的升序排列的字符串作为函数的返回值,要求新字符串采用动态内存分配方法申请存储空间。

3. 编写函数 int *getMax(int *p,int m,int n)，求 m 行 n 列二维数组中每行元素中的最大值，将其存入一个大小为 m 的一维动态数组中，并将该数组的起始地址作为函数的返回值。该函数的形参 p 用来接收二维数组中 0 行 0 列元素的地址。

例如，a[3][4]={{22,45,26,18},{129,313,151,227},{32,17,119,16}}，则调用 getMax(&a[0][0],3,4) 后动态数组的元素为 {45,313,119}。

请编写完整的程序进行测试。

4. 编写程序，实现对一维数组 A 中的 N 个整数按从小到大进行连续编号，并输出各个元素的编号。要求不能改变数组 A 中元素的顺序，且相同的整数具有相同的编号。例如，数组 A 的元素是 {5,3,4,7,3,5,6,8,3,5}，则输出结果为 "3,1,2,5,1,3,4,6,1,3"。

第8章
结构体及其应用

一、本章学习要求

（1）理解为何使用结构体。
（2）掌握结构体类型与结构体变量的定义方法。
（3）掌握利用指针访问结构体变量成员的方法。
（4）掌握向函数传递结构体的常用方法。
（5）掌握应用结构体数组存储复杂对象集合的方法。
（6）掌握利用指针与结构体创建单链表的基本方法。
（7）掌握单链表的插入、查找、删除等基本算法。

二、本章思维导图及学习要点

1. 思维导图

本章思维导图如图 1-8-1 所示。

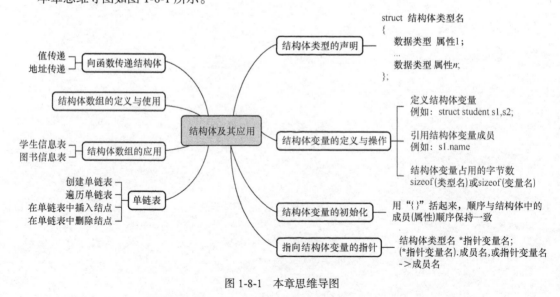

图 1-8-1　本章思维导图

2. 学习要点

 要点 1：结构体类型的声明

结构体类型为用户自定义类型，需要先定义，后使用。结构体类型定义的一般语法格式如下。

```
struct 结构体类型名
{
        数据类型  属性 1;
        ...
        数据类型  属性 n;
};
```

其中，struct 是关键字，结构体类型名和属性名由用户自行定义。

 要点 2：结构体变量的定义与初始化

结构体变量的定义与初始化有以下 3 种常用形式。

（1）定义结构体类型的同时定义结构体变量并初始化。

例如，在定义日期结构体类型的同时定义变量 d1 和 d2，并初始化 d1，代码如下。

```
struct date
{
        int year;
        int month;
        int day;
}d1={2022,3,26},d2;
```

（2）先定义一个结构体类型，然后使用该类型来定义结构体变量并初始化。若 struct date 已定义，则可以用下面的方式来定义变量 d3 和 d4。

```
struct date d3={2022,3,26},d4;
```

（3）先使用 typedef 说明一个新的结构体类型名，再用新类型名定义变量。若 struct date 已定义，则用 typedef 将 struct date 说明为 dateNode，此时，使用 dateNode 等价于使用 struct date。代码如下。

```
typedef struct date dateNode;
dateNode d5={2022,3,26},d6;
```

未初始化的结构体变量的成员值为不确定的值。

结构体变量占用的字节数可以用 sizeof( )来获得，对于上面定义的结构体变量 d5，可以用下面的代码输出其占用的字节数。

```
printf("%d",sizeof(dateNode));  //或 printf("%d",sizeof(d5));
```

 要点 3：结构体变量的引用方法

结构体变量的引用可分为整体引用和局部引用。

整体引用一般用于同种类型结构体变量的赋值运算，例如，d1 与 d2 都是日期型变量，则执行赋值语句"d2=d1;"可将 d1 的所有成员信息相应地赋给 d2 的成员。

局部引用是指对结构体成员的引用，其使用方法如下。

```
结构体变量名.成员名
```

例如，要将上面定义的变量 d2 赋值为 2021 年 10 月 8 日，可使用下面的语句。

```
d2.year=2021; d2.month=10; d2.day=8;
```

若结构体变量的成员也是一个结构体，则要引用内层的结构体成员的成员，可通过以下形式。

```
外层结构体变量名.内层结构体成员名.成员名
```

 要点 4：指向结构体变量的指针

定义结构体指针变量的语法格式如下。

```
结构体类型名  *指针变量名;
```

当结构体指针变量指向结构体变量时，可通过该结构体指针变量引用结构体的成员，引用形式如下。

```
(*指针变量名).成员名    或    指针变量名->成员名
```
例如，有以下变量定义语句。
```
dateNode d1={2020,3,26},d2,*p1=&d1,*p2=d2;
```
利用指针变量 p1 把 d1 的 year 值修改为 2022，可使用以下语句。
```
(*p1).year=2022;   //或 p1->year=2022;
```

要点 5：向函数传递结构体

在函数之间，结构体变量的数据可以通过以下几种方法进行传递。

（1）向函数传递结构体变量的成员变量。结构体变量中的每个成员变量都可以参与所属类型允许的相关操作。向函数传递结构体变量的成员变量的方法和传递普通变量一样。

（2）向函数传递结构体变量。使用结构体变量作为实参时，实参与形参之间值的传递是单向值传递。

（3）向函数传递结构体变量的地址。当形参为结构体类型的指针时，可以把结构体变量的地址作为实参，这样，在函数中就可以通过指针来访问（引用或修改）其指向的实参变量。

（4）函数的返回值可以是结构体类型，也可以是指向结构体变量的指针类型。

要点 6：结构体数组的定义与使用

与普通数据类型一样，可以用结构体类型来定义结构体数组，使用数组元素同样可以采用下标法或指针法。

例如，有以下代码：
```
dateNode d[10],i,*p;
```
上述代码定义了一个大小为 10 的日期型数组 d。给 d 中的元素依次赋值 2022 年 1 月 1 日—1 月 10 日，可以用下面两种方法来实现。

（1）下标法。
```
for(i=0;i<10;i++)
    { d[i].year=2022; d[i].month=1; d[i].day=i+1; }
```
（2）指针法。
```
for(p=d;p<d+10;p++)
    { p->year=2022; p->month=1; p->day=p-d+1; }
```

要点 7：用指针和结构体创建链表

借助指针可以创建一种有别于数组的线性存储结构——链表。链表采用动态内存分配为每个数据元素分配内存，实现逻辑上相邻的数据元素在物理上不连续，从而增强内存使用的灵活性。

常用的链表是单链表。单链表的每个结点中都有一个指针用于记录下一个元素的地址，并通过一个额外的指针记录第一个结点的地址，最后一个结点的指针域为空（NULL），用于标识链表的结束位置，如图 1-8-2 所示。

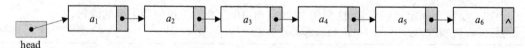

图 1-8-2　单链表存储结构抽象描述示意

若有如下的单链表存储结构定义语句：
```
struct node
{
        int data;                      //属性域
        struct node *next;             //指向下一个结点的指针
};
typedef struct node linknode;          //定义类型
typedef linknode *linklist;            //定义结点指针类型
```
则可用 linknode 来声明结构体变量，用 linklist 来声明指向结构体的指针变量。示例如下。

```
linklist head=NULL;
```

上述代码定义了一个结构体指针变量 head，并将其初始化为 NULL。

通过动态内存分配创建一个新结点，并将其地址保存在指针变量 q 中。代码如下。

```
linklist q;                                  //结点指针
q=(linklist)malloc(sizeof(linknode));        //创建新结点
q->data=10;                                  //将 10 存入该结点
```

学习链表要熟练掌握链表的遍历、查找、插入和删除算法。

三、典型例题分析

【例 1】有下列程序：

```
#include <string.h>
#include <stdio.h>
struct STU
{    int num;
     float TotalScore;
};
void f(struct STU p)
{    struct STU s[2]={{10044,550},{10045,537}};
     p.num=s[1].num; p.TotalScore=s[1].TotalScore;
}
int main()
{    struct STU s[2]={{10041,703},{10042,580}};
     f(s[0]);
     printf("%d %3.0f\n",s[0].num,s[0].TotalScore);
     return 0;
}
```

程序运行后，输出结果是（　　）。

A. 10045 537　　　　B. 10044 550　　　C. 10042 580　　　D. 10041 703

【解析】答案为 D。本题考核结构体数组元素作为函数参数的使用方法。函数调用 f(s[0])把 s[0] 的值作为实参，是单向值传递，函数调用结束后，s[0]的值保持不变。

【例 2】有下列程序：

```
#include <string.h>
#include <stdio.h>
struct STU
{    char name[10];
     int num;
};
void fun(char *name,int num)
{    struct STU s[2]={{"SunDan",10044},{"Penghua",10045}};
     num=s[0].num;
     strcpy(name,s[0].name);
}
int main()
{    struct STU s[2]={{"YangSan",10041},{"LiSiGuo",10042}},*p;
     p=&s[1];
     fun(p->name,p->num);
     printf("%s %d\n",p->name,p->num);
     return 0;
}
```

程序运行后，输出结果是（　　）。

A. SunDan 10042　　　B. SunDan 10044　C. LiSiGuo 10042　D. Yang

【解析】答案为 A。本题考核结构体指针的使用方法及函数的值传递和地址传递。由于 p 指向 s[1]，因此 fun(p->name,p->num)的两个实参分别是 s[1].name 和 s[1].num，这里 s[1].name 传递的是数组的地址，而 s[1].num 传递的是值，因此函数执行结束后，s[1].name 的值被修改为"SunDan"，而 s[1].num 的值保持不变，仍为 10042。

【例3】有下列程序：

```c
#include <stdio.h>
struct STU
{        char name[10]; int num; float TotalScore;
};
void f(struct STU *p)
{     struct STU t[2]={{"SunDan",10044,550},{"Penghua",10045,537}},*q=t;
      ++p;
      ++q;
      *p=*q;
}
int main()
{     struct STU s[2]={{"YangSan",10041,703},{"LiSiGuo",10042,580}};
      f(s);
      printf("%s %d %3.0f\n",s[1].name,s[1].num,s[1].TotalScore);
      return 0;
}
```

程序运行后，输出结果是（   ）。

A. SunDan 10044 550   B. Penghua 10045 537

C. LiSiGuo 10042 580   D. SunDan 10041 703

【解析】答案为 B。本题考核结构体指针的使用方法。调用 f(s)函数时，main( )函数中 s 数组的起始地址传递给形参指针 p；进入 f( )函数后，指针 q 初始指向 t 的起始地址；执行"++p;"语句和"++q;"语句后，指针 p 指向 s[1]，而指针 q 指向 t[1]，如图 1-8-3（a）和图 1-8-3（b）所示。执行"*p=*q;"语句后，t[1]的内容复制到 s[1]，如图 1-8-3（c）所示，因此本题答案为 B。

	s[0]	s[1] ↓p
name	"YangSan"	"LiSiGuo"
num	10041	10042
TotalScore	703	580

（a）main( )函数中的结构体数组 s

	t[0]	t[1] ↓q
name	"SunDan"	"Penghua"
num	10044	10045
TotalScore	550	537

（b）f( )函数中的结构体数组 t

	s[0]	s[1] ↓p
name	"YangSan"	"Penghua"
num	10041	10045
TotalScore	703	537

（c）执行"*p=*q;"语句后的结构体数组 s

图 1-8-3 程序执行过程示意

【例4】有下列程序：

```c
#include <stdio.h>
struct node
{    int n;
     int a[20];
};
void f(int *a,int n)
{    int i;
     for(i=0;i<n-1;i++)
          a[i]+=i;
```

```
}
int main()
{
    int i;
    struct node s={10,{2,3,1,6,8,7,5,4,10,9}};
    f(s.a,s.n);
    for(i=0;i<s.n;i++)
        printf("%d,",s.a[i]);
    return 0;
}
```

程序运行后，输出结果是（　　　）。

A. 2,4,3,9,12,12,11,11,18,9,   B. 3,4,2,7,9,8,6,5,11,10,

C. 2,3,1,6,8,7,5,4,10,9,   D. 1,2,3,6,8,7,5,4,10,9,

【解析】答案为 A。本题考核结构体作为函数参数的使用方法。结构体的成员变量 n 为 int 型变量，a 为 int 型数组，f(s.a,s.n)中第 1 个参数传递的是 s.a，即 s.a[0]的地址，第 2 个参数 s.n 的值为 10，属于值传递。显然，执行"for(i=0;i<n-1;i++) a[i]+=i;"语句只能将 s.a 数组的前 9 个数进行修改，因此本题答案为 A。

【例5】有下列程序：

```
#include <stdio.h>
#include <stdlib.h>
#include <string.h>
typedef struct{ char name[9];char sex;float score[2]; }STU;
STU *fun(STU c)
{   STU b={"Zhao",'m',85.0,90.0},*p;
    int i;
    p=(STU *)malloc(sizeof(STU));
    strcpy(p->name,b.name);
    p->sex=b.sex;
    for(i=0;i<2;i++)
        p->score[i]=c.score[i];
    return p;
}
int main()
{   STU c={"Qian",'f',95.0,92.0},*p=&c;
    p=fun(c);
    printf("%s,%c,%2.0f,%2.0f\n",(*p).name,(*p).sex,(*p).score[0],(*p).score[1]);
    free(p);
    return 0;
}
```

程序的输出结果是（　　　）。

A. Qian,f,95,92 B. Qian,m,85,90 C. Zhao,m,85,90 D. Zhao,m,95,92

【解析】答案为 D。本题考核结构体指针作为函数的返回值及应用指针访问结构体变量的方法。main( )函数中的结构体指针变量 p 初始指向变量 c，执行"p=fun(c);"语句后，p 指向动态生成的结构体变量，该变量的姓名、性别与 fun( )函数中 b 的姓名、性别相同，而课程成绩与 main( )函数中 c 的成绩相同。

【例6】在图 1-8-4 所示的链表中，指针 p、q、r 分别指向 3 个连续的结点。

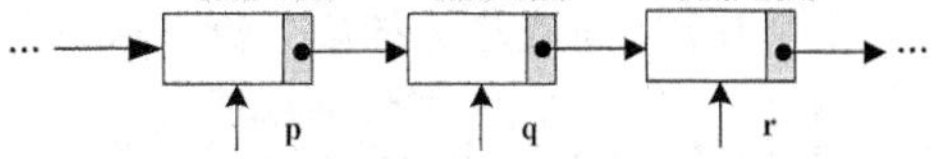

图 1-8-4　链表 1

有以下结构体声明和变量定义语句：

```
struct node
{    int data;
    struct node *next;
}*p,*q,*r;
```

现要将 q 所指的结点从链表中删除，同时要保持链表的连续性，下列不能完成指定操作的语句是（　　　）。

A. p->next=q->next; B. p-next=p->next->next;

C. p->next=r; D. p=q->next;

【解析】答案为 D。本题考核链表的基本操作，选项 D 只能将指针 p 指向指针 r 指向的结点，无法将 q 指向的结点从链表中删除。

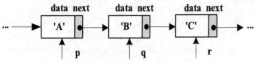

图 1-8-5 链表 2

【例 7】在图 1-8-5 所示的链表中，指针 p、q、r 分别指向 3 个连续的结点。

有以下结构体声明和变量定义语句：

```
struct node
{    char data;
     struct node *next;
}*p,*q,*r;
```

现要将 q 和 r 所指结点交换位置，同时要保持链表的连续性，下列不能完成此操作的语句是（   ）。

A. q->next=r->next; p->next=r; r->next=q;

B. p->next=r; q->next=r->next; r->next=q;

C. q->next=r->next; r->next=q; p->next=r;

D. r->next=q; p->next=r; q->next=r->next;

【解析】答案为 D。本题考核链表的基本操作，选项 D 的第一条语句 "r->next=q;" 执行后，将导致 r 的后续结点无法访问。

【例 8】下列程序运行后，输出结果是_____。

```
#include <stdio.h>
struct tt
{    int x;struct tt *y;
}*p;
struct tt a[4]={20,a+1,10,a+2,30,a+3,40,a};
int main()
{    int i;
     p=a;
     for(i=1;i<=5;i++)
         {
                 printf("%d ",p->x);
                 p=p->y;
         }
     return 0;
}
```

【解析】答案为 "20 10 30 40 20"。结构体的每个单元包括两个域，一个是 int 型的成员 x，另一个是指向结构体类型的指针域 y，全局结构体数组 tt 初始化后的状态如图 1-8-6 所示。因此，执行 main() 函数中的循环语句会依次输出 a[0]、a[1]、a[2]、a[3] 和 a[0]的值。

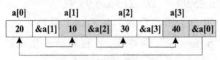

图 1-8-6 结构体数组 tt

【例 9】下列程序运行后，输出结果是_____。

```
#include <stdio.h>
struct node
{    int data;
     struct node *link;
};
void fun(struct node m[],int n)
{    struct node *p=m;
     int i=0;
     while(p<m+n-1)
     {
             p->data=++i;
             p->link=p+1;
```

```
            p++;
        }
        p->data=++i;
        p->link=NULL;
    }
int main()
{   struct node m[5],*p=m;
    fun(m,5);
    while(p)
    {   printf("%d",p->data);
        p=p->link;
    }
    printf("\n");
    return 0;
}
```

【解析】答案为"12345"。"fun(m,5);"语句执行后，结构体数组的内容如图 1-8-7 所示。每个数组元素的 link 成员保存下一个数组元素的地址，最后一个数组元素的 link 成员为 NULL。因此，执行 main( )函数中的循环语句会依次输出数组的 data 成员的值。

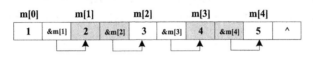

图 1-8-7 结构体数组

【例 10】以下程序中，input(telNode t[],int n)函数的功能是按指定的格式输入通信录信息，void sort(telNode t[],int n)函数的功能是采用简单选择排序法对通信录信息按姓名字段以字典序进行排列，void print(telNode t[],int n)函数的功能是在屏幕上输出通信录信息，请在横线上填上适当的代码。

```
#include <stdio.h>
#include <string.h>
#define N 10
struct node
{       char name[15];   //姓名
        char tel[12];    //电话号码
};
typedef struct node telNode;
void input(telNode t[],int n)   //输入通信录信息
{   int i;
    printf("请输入通信录信息，按姓名 电话（空格分隔）格式输入：\n");
    for(i=0;i<n;i++)
    {
        printf("第%d组：",i+1);
        scanf("%s",____(1)____);        //输入姓名
        scanf("%s",____(2)____);        //输入电话
    }
}
void sort(telNode t[],int n)     //采用简单选择排序法对通信录信息按姓名字段以字典序的方式进行排列
{   int i,j,k;
    telNode x;
    for(i=0;i<n-1;i++)
    {   k=i;
        for(j=____(3)____;j<n;j++)
            if(_____(4)_____)
                k=j;
        if(k!=i)
        {       x=t[i];
                t[i]=t[k];
                t[k]=x;
        }
    }
```

```
    }
    void print(telNode t[],int n)                    //输出通信录信息
    {   telNode *p=t;
        printf("姓名 \t\t 电话\n");
        printf("-----------------------------\n");
        while(p<t+n)
        {   printf("%-15s",_____(5)_____);         //输出姓名
            printf("%-12s\n",_____(6)_____);       //输出电话号码
            p++;
        }
    }
    int main()
    {   telNode telBook[N];
        input(telBook,N);          //输入
        sort(telBook,N);           //排序
        print(telBook,N);          //输出
        return 0;
    }
```

【解析】答案为:(1)t[i].name;(2)t[i].tel;(3)i+1;(4)strcmp(t[j].name,t[k].name)<0;(5)p->name 或(*p).name;(6)p->tel 或(*p).tel。由于结构体的 name 和 tel 两个成员均为字符数组,因此在排序时需要用字符串比较函数进行字符的比较。输入通信录时采用下标法,输出通信录时采用指针法。

四、自测题

(一)单项选择题

1. 设有如下代码:

```
typedef struct sNode
{   long a;
    int b;
    char c[2];
}newNode;
```

下列叙述中正确的是(   )。

    A. 以上代码的形式非法   B. sNode 是一个结构体类型

    C. newNode 是一个结构体类型名   D. newNode 是一个结构体变量

2. 有下列代码:

```
typedef struct NODE
{   int num;
    struct NODE *next;
}OLD;
```

下列叙述中正确的是(   )。

    A. 以上代码的形式非法   B. NODE 是一个结构体类型

    C. OLD 是一个结构体类型   D. OLD 是一个结构体变量

3. 有下列结构体声明、变量定义和赋值语句:

```
struct STD
{   char name[10];
    int age;
    char sex;
}s[5],*ps;
ps=&s[0];
```

下列 scanf( )函数调用语句中错误引用结构体变量成员的是(   )。

    A. scanf("%s",s[0].name);   B. scanf("%d",&s[0].age);

    C. scanf("%c",&(ps->sex));   D. scanf("%d",ps->age);

4. 有以下程序:

```c
#include <stdio.h>
struct st
{    int x,y;
}data[2]={1,10,2,20};
int main()
{
     struct st *p=data;
     printf("%d,",p->y);
     printf("%d\n",(++p)->x);
     return 0;
}
```

上述程序的运行结果是（   ）。

  A. 10,1   B. 20,1   C. 10,2   D. 20,2

5. 有以下程序:

```c
#include <stdio.h>
struct ord
{    int x,y;
}dt[2]={1,2,3,4};
int main()
{    struct ord *p=dt;
     printf("%d,",++p->x);
     printf("%d",++p->y);
     return 0;
}
```

上述程序的运行结果是（   ）。

  A. 1,2   B. 2,3   C. 3,4   D. 4,1

6. 有以下程序:

```c
#include <stdio.h>
int main()
{    struct STU { char name[9]; char sex; double score[2]; };
     struct STU a={"Zhao",'m',85.0,90.0}, b={"Qian",'f',95.0,92.0};
     b=a;
     printf("%s,%c,%2.0f,%2.0f\n",b.name,b.sex,b.score[0],b.score[1]);
     return 0;
}
```

上述程序的运行结果是（   ）。

  A. Qian,f,95,92 B. Qian,m,85,90 C. Zhao,f,95,92 D. Zhao,m,85,90

7. 有以下程序:

```c
#include <stdio.h>
#include <string.h>
typedef struct{char name[9]; char sex; float score[2];}STU;
void f(STU a)
{    STU b={"Zhao",'m',85.0,90.0}; int i;
     strcpy(a.name,b.name);
     a.sex=b.sex;
     for(i=0;i<2;i++)
          a.score[i]=b.score[i];
}
int main()
{    STU c={"Qian",'f',95.0,92.0};
     f(c);
     printf("%s,%c,%2.0f,%2.0f\n",c.name,c.sex,c.score[0],c.score[1]);
     return 0;
}
```

上述程序的运行结果是（   ）。

  A. Qian,f,95,92 B. Qian,m,85,90 C. Zhao,f,95,92 D. Zhao,m,85,90

8. 假定有图 1-8-8 所示的单链表结构，指针变量 s、p、q 均已正确定义，且 s 指向单链表的第 1 个结点。

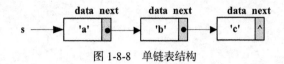

图 1-8-8　单链表结构

若有下列程序段：

```
q=s; s=s->next; p=s;
while(p->next)
        p=p->next;
p->next=q;
q->next=NULL;
```

该程序段实现的功能是（　　　）。

　　A．首结点成为尾结点　　　　　　B．尾结点成为首结点

　　C．删除首结点　　　　　　　　　　D．删除尾结点

9. 假定已有图 1-8-9 所示的链表结构，且指针 p 和 q 已指向相应的结点。

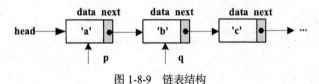

图 1-8-9　链表结构

以下选项中可将 q 所指的结点从链表中删除并释放该结点的是（　　　）。

　　A．(*p).next=(*q).next; free(p);　　　B．p=q->next; free(q);

　　C．p=q; free(q);　　　　　　　　　　D．p->next=q->next; free(q);

10. 有下列程序：

```
struct node
{    int n;
     int a[20];
};
void fun(struct node *p)
{    int i,j,t;
     for(i=0;i<p->n-1;i++)
            for(j=i+1;j<p->n;j++)
            if(p->a[i]>p->a[j])
                  {t=p->a[i]; p->a[i]=p->a[j]; p->a[j]=t;   }
}
int main()
{    int i;
     struct node s={10,{2,3,1,6,8,7,5,4,10,9}};
     fun(&s);
     for(i=0;i<s.n;i++)
            printf("%d,",s.a[i]);
     return 0;
}
```

上述程序运行后，输出结果是（　　　）。

　　A．1,2,3,4,5,6,7,8,9,10,　　　　　　B．10,9,8,7,6,5,4,3,2,1,

　　C．2,3,1,6,8,7,5,4,10,9,　　　　　　D．10,9,8,7,6,1,2,3,4,5,

（二）填空题

1. 在 C 语言中，用关键字_____来表示结构体类型。

2. "."称为_____运算符，"->"称为_____运算符。

3. 如果有下面的语句：

```
struct node
{
     int x,y;
}a[2]={{2,5},{2,7}};
```

则语句"printf("%d\n",a[0].y/a[1].x);"执行后，输出结果为_____。

4. 如果有下面的语句：

```
struct STU
{    char name[10];
     int age;
}stu[5]={"Yang",21,"Zhang",19,"Jie",20,"Zou",18};
struct STU *p=stu+1;
```

则执行"printf("%c",stu[3].name[2]);"语句后，输出结果为_____，执行"printf("%d",strlen(stu[4].name));"语句后，输出结果为_____，执行"printf("%d",p->age));"语句后，输出结果是_____，将 stu[0].name 的值修改为"LiYang"的语句为_____。

5. 下列程序运行后，输出结果是_____。

```
#include <stdio.h>
struct NODE
{    int num;
     struct NODE *next;
};
int main()
{    struct NODE s[3]={{1,'\0'},{2,'\0'},{3,'\0'}},*p,*q,*r;
     int sum=0;
     s[0].next=s+1;
     s[1].next=s+2;
     s[2].next=s;
     p=s; q=p->next; r=q->next;
     sum+=q->next->num; sum+=r->next->next->num;
     printf("%d\n",sum);
     return 0;
}
```

（三）程序填空题

1. 下列程序中，creat( )函数的功能是构建一个图 1-8-10 所示的单链表，并在其结点的数据域中存放长度为 2 的字符串；disp( )函数的功能是输出该单链表中所有结点中的字符串。请填空。

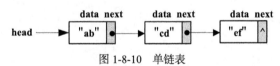

图 1-8-10　单链表

```
#include <stdio.h>
typedef struct node              //链表结点结构
{    char data[3];
     struct node *next;
}Node;
Node *creat()                    //建立链表，此处略
{ … }
void disp(Node *h)
{    Node *p;
     p=h;
     while(p)
     {
          printf("%s\n",_____(1)_____);
          p=_____(2)_____;
     }
}
int main()
{    Node *head;
     head=creat();
     disp(head);
```

```
    printf("\n");
    return 0;
}
```

2. 以下程序中，函数 fun( )的功能是统计 person 结构体数组中所有性别为 M 的记录的个数，将其存入变量 n 中，并作为函数值返回。请填空。

```
#include <stdio.h>
#define N 3
typedef struct
{    int num;                //学号
     char name[10];          //姓名
     char sex;               //性别
}student;
int fun(student person[],int n)
{
     int i,counter=0;
     for(i=0;i<n;i++)
          if(_____(1)_____) counter++;
     return _____(2)_____;
}
int main()
{
     student w[N]={{1,"AA",'F'},{2,"BB",'M'},{3,"CC",'M'}};
     int n;
     n=fun(w,N);
     printf("n=%d\n",n);
     return 0;
}
```

3. 下列程序的功能是创建一个有 3 个结点的单循环链表，如图 1-8-11 所示，然后求各个结点数值域 data 中数据的和。请填空。

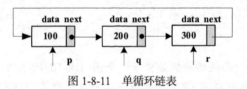

图 1-8-11　单循环链表

```
#include <stdio.h>
#include <stdlib.h>
struct NODE
{    int data;
     struct NODE *next;
};
int main()
{    struct NODE *p,*q,*r;
     int sum=0;
     p=(struct NODE *)malloc(sizeof(struct NODE));
     q=(struct NODE *)malloc(sizeof(struct NODE));
     r=(struct NODE *)malloc(sizeof(struct NODE));
     p->data=100; q->data=200; r->data=300;
     p->next=q; q->next=r; r->next=____(1)____;
     sum=p->data+p->next->data+r->next____(2)____;
     printf("%d\n",sum);
     return 0;
}
```

4. 通信录结构体定义同本章例 10，假设下列程序中的 input( )、sort( )和 print( )函数均已正确实现。insert(telNode t[],telNode x,int *n)函数的功能是在按姓名字段以字典序排列的通信录数组 t 中插入通信录 x，并保持数组的有序性，*n 用来接收 t 中原有记录数。该函数会返回插入新元素后的记录数，请在横线上填上适当的代码。

```
#include <stdio.h>
#include <string.h>
```

```
#define N 10
struct node
{    char name[15];    //姓名
     char tel[12];      //电话号码
};
typedef struct node telNode;
void input(telNode t[],int n)    //输入通信录信息
{
     …    //此处代码略
}
void sort(telNode t[],int n)     //采用简单选择排序法对通信录信息按姓名字段以字典序进行排列
{
     …    //此处代码略
}
void print(telNode t[],int n)    //输出通信录信息
{
     …    //此处代码略
}
void insert(telNode t[],telNode x,int *n)
{    int i;
     if(*n<N)
     {
          i=*n-1;                    //从最后一个位置开始查找插入位置
          while(_____(1)_____)
          {
               t[i+1]=t[i];          //后移
               i--;
          }
          _____(2)_____=x;          //将新元素插入相应的位置
          _____(3)_____;            //通信录中的记录数加1
     }
     else printf("空间不足，不能完成插入！");
}
int main()
{    telNode telBook[N],x;
     int n=5;
     input(telBook,n);          //输入通信录信息
     sort(telBook,n);           //对通信录信息排序
     print(telBook,n);          //输出通信录信息
     printf("请输入要插入的通信录信息：\n");
     scanf("%s",x.name);
     scanf("%s",x.tel);
     insert(telBook,x,&n);      //插入新记录
     print(telBook,n);          //输出通信录信息
     return 0;
}
```

（四）程序设计题

1. 商品销售信息结构体定义语句如下。

```
struct Node
{    char id[6];                //商品编号
     char caseName[9];          //商品品牌
     char name[15];             //商品类别
     float price;               //商品单价
     float counter;             //销售数量
     float total;               //销售总额
};
typedef struct Node Commodity;
```

请编写 void sum(Commodity s[],int n)函数，根据商品单价和销售数量计算销售总额；编写 void top(Commodity s[],int n)函数，对 s 数组中的商品信息按商品销售总额进行排序（降序）；编写 void prn(Commodity s[],int n)函数，将排序后的商品信息按图 1-8-12 所示格式输出。

```
销量排名表:
商品编号   商品品牌   商品类别    商品单价    销售数量    销售总额
----------------------------------------------------------------
14001      华为       智能手机    4800.00     20.00      96000.00
13001      联想       计算机      4500.00      8.00      36000.00
......
```

图 1-8-12　商品销量排名表输出格式

2. 商品销售信息结构体定义语句同上题，请编写程序，将商品销售信息按照商品类别升序排序，商品类别相同的商品信息则按销售总额降序排序，将排序后的商品信息按图 1-8-13 所示格式输出。

```
按商品类别（销售总额）排序:
商品编号   商品品牌   商品类别      商品单价   销售数量   销售总额
11002      康佳       彩电          3000.00    5.00       15000.00
11001      海尔       彩电          4000.00    2.00       8000.00
15004      美的       抽油烟机      3500.00    4.00       14000.00
12001      惠普       打印机        2500.00    7.00       17500.00
12002      兄弟       打印机        1800.00    6.00       10800.00
13001      联想       计算机        4500.00    8.00       36000.00
13002      DELL       计算机        4600.00    7.00       32200.00
13003      华硕       计算机        3800.00    3.00       11400.00
14001      华为       智能手机      4800.00    20.00      96000.00
14002      Apple      智能手机      5500.00    6.00       33000.00
14003      中兴       智能手机      1500.00    7.00       10500.00
```

图 1-8-13　输出格式

第9章
文件与数据存储

一、本章学习要求

（1）理解流的基本概念和文件的分类。

（2）了解二进制文件与文本文件的区别。

（3）掌握文件的打开与关闭操作。

（4）掌握文件检测函数的使用方法。

（5）熟练掌握文件读写函数的使用方法及应用，包括字符读/写函数、字符串读/写函数、格式化读/写函数及数据块读/写函数。

（6）掌握文件的随机读写及其应用。

（7）了解利用位运算进行数据加密的方法。

二、本章思维导图及学习要点

1. 思维导图

本章思维导图如图 1-9-1 所示。

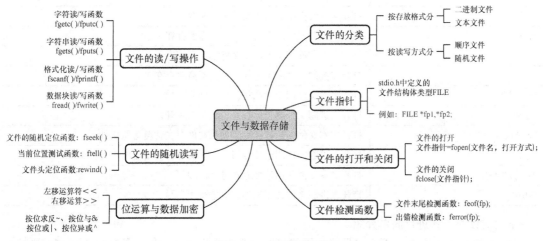

图 1-9-1　本章思维导图

2．学习要点

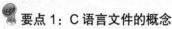 要点 1：C 语言文件的概念

文件是一组保存在辅助存储器上的具有特定含义的信息的集合。文件由操作系统进行管理，并通过文件名来识别，文件的类型通常由扩展名来区分。

在 C 语言中，磁盘文件按数据存放的格式可分成**二进制文件**和**文本文件**两种，按读写方式可以分为**顺序文件**和**随机文件**。

计算机把输入、输出设备当成文件来处理，称为设备文件。设备文件主要有 3 种：标准输入设备（Stdin），通常指键盘；标准输出设备（Stdout），通常指显示器；标准的错误输出设备（Stderr），通常也指显示器。C 语言规定，3 种标准的输入、输出设备进行数据的读写操作时，不必事先打开设备文件，操作后，也不必关闭设备文件，它们由系统自动打开和关闭。

 要点 2：文件指针

为便于处理文件，C 语言在 stdio.h 中定义了一种特殊的结构体类型——文件（FILE）类型，用以记录处理文件时需要的信息。在 C 语言程序中，当进行与文件有关的操作时，通常使用 FILE 类型定义文件指针变量，然后通过文件的打开操作创建文件指针与磁盘文件的联系。

定义文件指针变量的一般形式如下。

```
FILE *指针变量名;
```

示例代码如下。

```
FILE *fp1,*fp2;
```

上述代码定义了两个文件指针 fp1 和 fp2。可以通过文件打开函数 fopen( )将文件指针指向指定的文件。

要点 3：文件的打开和关闭

1．文件的打开

fopen( )函数用来打开一个文件，其调用的一般语法格式如下。

```
文件指针=fopen(文件名,读写模式);
```

文件读写模式字符串共有 12 种，表 1-9-1 列出了文件读写模式字符串及其作用。

表 1-9-1　　　　　　　　　　　　文件读写模式字符串及其作用

文件读写模式字符串	作用
"r"或"rt"	打开文本文件用于读
"rb"	打开二进制文件用于读
"w"或"wt"	打开文本文件用于写（文件不需要存在）
"wb"	打开二进制文件用于写（文件不需要存在）
"a"或"at"	打开文本文件用于追加（文件不需要存在）
"ab"	打开二进制文件用于追加（文件不需要存在）
"r+"或"rt+"	打开文本文件用于读和写，从文件头开始
"rb+"	打开二进制文件用于读和写，从文件头开始
"w+"或"wt+"	打开文本文件用于读和写（如果文件存在就覆盖原文件）
"wb+"	打开二进制文件用于读和写（如果文件存在就覆盖原文件）
"a+"或"at+"	打开文本文件并用追加方式进行读和写
"ab+"	打开二进制文件并用追加方式进行读和写

下面对读写方式进行简单介绍。

（1）write（w）方式。该方式只能用于向打开的文本文件写入数据。若文件不存在，则按指

定的文件名创建新文件；若文件已存在，则覆盖原文件。文件打开时，文件读写位置指针指向文件开始处。

（2）read（r）方式。该方式只能用于打开一个已存在的文本文件并从中读取数据。文件打开时，文件读写位置指针指向文件头。

（3）append（a）方式。该方式用于向文本文件末尾添加数据。若文件存在，则将它打开，并将文件读写位置指针指向文件末尾；若文件不存在，则创建一个新文件，并从头开始写数据。

2. 文件的关闭

文件一旦使用完毕，应使用关闭文件函数 fclose( )把文件关闭，以避免文件数据丢失等问题的出现。fclose( )函数调用的一般语法格式如下。

```
fclose(文件指针);
```

如果成功关闭了文件，fclose( )函数返回 0，否则返回错误代码 EOF（EOF 为 stdio.h 中定义的宏常量，其值为-1）。

要点 4：文件末尾检测函数

当文件中的数据全部读完后，文件读写位置指针指向文件的结尾。feof( )函数用来检测文件读写位置指针是否已指向文件末尾，其语法格式如下。

```
feof(文件指针);
```

如果文件读写位置指针已指向文件末尾，则函数返回非 0 值，否则函数返回 0。

要点 5：字符读/写函数

1. 字符读函数 fgetc( )

该函数用来从文件中读取一个字符，其函数原型如下。

```
int fgetc(FILE *fp);
```

它从 fp 中读出一个字符，将文件读写位置指针指向下一个字符，若读取成功，则返回该字符的 ASCII 值；若读到文件尾，则返回 EOF。

该函数常见的用法如下。

```
while(!feof(fp))
    {    ch=fgetc(fp);
         ...
    }
```

2. 字符写函数 fputc( )

该函数用来将一个字符写入文件。其函数原型如下。

```
int fputc(int ch,FILE *fp);
```

其中，ch 是字符常量或字符变量，fp 是文件指针。该函数的功能是把字符 ch 写入 fp 指向的文件中；如果函数执行成功，则返回 ch，否则返回 EOF。

要点 6：字符串读/写函数

1. 字符串读函数 fgets( )

使用函数 fgets( )可以从指定文件中读取一行字符串并存入字符数组中。其函数原型如下。

```
char *fgets(char *s,int n,FILE *fp);
```

它从 fp 所指的文件中读取最大长度为 $n-1$ 的字符串并在字符串末尾添加'\0'，然后将其存入字符数组 s 中。函数返回字符数组的起始地址，若读取失败，则返回 NULL，s 的值不确定。

2. 字符串写函数 fputs( )

使用函数 fputs( )可以将一个字符串写入指定的文件。其函数原型如下。

```
int fputs(const char *s,FILE *fp);
```

它将 s 中的字符串写入 fp 指向的文件，若出现写入错误，函数返回 EOF，否则返回一个非负数。

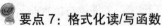 要点 7：格式化读/写函数

1. 格式化读函数 fscanf( )

fscanf( )函数的函数原型如下。

```
int fscanf(FILE *fp,const char *format,变量地址列表);
```

第 1 个参数为文件指针，第 2 个参数为格式控制参数，第 3 个参数为变量的地址列表。格式控制参数与 scanf( )函数中的格式控制作用相同。

如果函数执行成功，则返回正确输入项的个数；若执行失败，则返回 0。

2. 格式化写函数 fprintf( )

fprintf( )函数的函数原型如下。

```
int fprintf(FILE *fp,const char *format,输出项列表);
```

第 1 个参数为文件指针，第 2 个参数为格式控制参数，第 3 个参数为输出项列表。

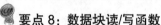 要点 8：数据块读/写函数

1. 数据块读函数 fread( )

fread( )函数用于从文件中读取一个数据块。其函数原型如下。

```
unsigned fread(void *buffer,unsigned size,unsigned count,FILE *fp);
```

该函数从 fp 所指的文件中读取数据块并存储到 buffer 指向的内存中，buffer 是待读入数据块存放的起始地址，size 是每个数据块的大小，即待读入的每个数据块的字节数，count 是最多允许读取的数据块个数，函数返回实际读取的数据块个数。

2. 数据块写函数 fwrite( )

fwrite( )函数用于向文件中写入一个数据块。其函数原型如下。

```
unsigned fwrite(const void *buffer,unsigned size,unsigned count,FILE *fp);
```

其中各参数的含义与 fread( )函数中的相同，该函数的功能是将 buffer 指向的内存中的数据块写入 fp 所指的文件，该数据块共有 count 个数据项，每个数据项有 size 个字节。如果该函数执行成功，则返回实际写入的数据项的个数；若实际写入的数据项少于需要写入的数据项，则会出错。

要点 9：随机读/写函数

1. fseek( )函数

fseek( )函数的作用是使文件读写位置指针移动到需要的位置，它的调用方式如下。

```
fseek(文件指针,位移量,起始点);
```

其中，起始点是指以什么地方为基准进行移动，其值有 3 种，分别用 3 个符号常量来表示：SEEK_SET（0）代表文件开始位置，SEEK_CUR（1）代表文件当前位置，SEEK_END（2）代表文件末尾位置。

位移量是指以起始点为基点移动的字节数，如果其值为正数，表示由文件头向文件尾方向移动（简称前移），反之则表示由文件尾向文件头方向移动（简称后移）。

2. ftell( )函数

ftell( )函数用于返回文件读写位置指针相对于文件头的字节数，其值为 long 类型，执行出错时返回-1。其调用格式如下。

```
ftell(fp);
```

3. rewind( )函数

使用 rewind( )函数可使文件读写位置指针返回文件的开头处。其调用格式如下。

```
rewind(fp);
```

例如，需要在某文件中追加记录，然后将文件内容输出，此时可以在文件末尾追加记录后调用 rewind()函数，让文件读写位置指针回到文件的开头处，再将文件内容依次读取并输出。

若函数调用成功，则函数的返回值为 0；否则返回值为非 0 值。

三、典型例题分析

【例1】有下列程序：

```
#include <stdio.h>
void WriteStr(char *filename,char *str)
{   FILE *fp;
    fp=fopen(filename,"w");
    fputs(str,fp);
    fclose(fp);
}
int main()
{   WriteStr("t1.dat","start");
    WriteStr("t1.dat","end");
    return 0;
}
```

程序运行后，文件 t1.dat 中的内容是（　　　）。

A. start　　　　　　B. end　　　　　　C. startend　　　　　　D. endrt

【解析】答案为 B。本题考核文件的读写模式。

在第 2 次调用函数执行 "fp=fopen(filename,"w");" 语句时，因读写模式为"w"，所以对 t1.dat 进行覆盖写，程序执行结束后 t1.dat 中的内容为"end"。

【例2】有下列程序：

```
#include <stdio.h>
int main()
{   FILE *fp;
    int i,k,n;
    fp=fopen("data.dat","w+");
    for(i=1;i<6;i++)
        {   fprintf(fp,"%d ",i);
            if(i%3==0) fprintf(fp,"\n");
        }
    rewind(fp);
    fscanf(fp,"%d%d",&k,&n);
    printf("%d%d\n",k,n);
    fclose(fp);
}
```

程序运行后，输出结果是（　　　）。

A. 0 0　　　　　　B. 123 45　　　　　　C. 1 4　　　　　　D. 1 2

【解析】答案为 D。本题考核文件的读写模式及 rewind( )函数的使用方法。

通过循环共向文件中写入 5 个数，其中 1、2、3 在第 1 行，4、5 在第 2 行，数之间由空格分隔。调用 rewind(fp)后，文件读写位置指针回到文件头，因此，"fscanf(fp,"%d%d",&k,&n);"语句执行后，存入 k 和 n 的两个数分别是 1 和 2。

【例3】有下列程序：

```
#include <stdio.h>
int main()
{   FILE *fp;
    char *s1="Python",*s2="Java";
    if((fp=fopen("ans.txt","wb"))==NULL)
        {
            printf("Can't open ans.txt file\n");   exit(1);
        }
    fwrite(s1,6,1,fp);
    fseek(fp,0L,SEEK_SET);
    fwrite(s2,4,1,fp);
```

```
        fclose(fp);
}
```

执行上述程序后，ans.txt 文件的内容是（假设文件能正常打开）（   ）。

A. Javaon   B. JavaPython   C. Java   D. Python

【解析】答案为 A。本题考核 fwrite( ) 和 fseek( ) 函数的使用方法。

"fwrite(s1,6,1,fp);" 语句用于把从地址 s1 开始的 6 个字符写到 fp 所指的文件中，"fseek(fp,0L,SEEK_SET);" 语句执行后，文件读写位置指针移到文件头，"fwrite(s2,4,1,fp);" 语句用于把从地址 s2 开始的 4 个字符（"Java"）写到 fp 所指的文件中，这样 Pyth 这 4 个字符被覆盖，文件中的内容为 Javaon。

【例4】有下列程序：

```
#include <stdio.h>
int main()
{    FILE *fp;
     int i;
     char ch[]="abcd",t;
     fp=fopen("abc.dat","wb+");
     for(i=0;i<4;i++)
                fwrite(&ch[i],1,1,fp);
     fseek(fp,-2L,SEEK_END);
     fread(&t,1,1,fp);
     fclose(fp);
     printf("%c\n",t);
}
```

上述程序执行后，输出结果是（   ）。

A. d   B. c   C. b   D. a

【解析】答案为 B。本题考核 fwrite( )、fread( ) 及 fseek( ) 函数的使用方法。

"for(i=0;i<4;i++) fwrite(&ch[i],1,1,fp);" 循环语句执行结束后，ch 数组中的 4 个字符'a'、'b'、'c'、'd'被依次写入文件，此时文件读写位置指针指向文件末尾；"fseek(fp,-2L,SEEK_END);" 语句执行后，文件读写位置指针从文件末尾向前移动 2 字节，即回到字符'c'的前面，因此 "fread(&t,1,1,fp);" 语句执行后，从文件中读取的字符为'c'。

【例5】下列程序的功能是以二进制 "写" 方式打开文件 d1.dat，写入 1～100 这 100 个整数后关闭文件；然后以二进制 "读" 方式打开文件 d1.dat，将这 100 个整数读入数组 b 中并输出。请填空。

```
#include <stdio.h>
int main()
{    FILE *fp;
     int i,a[100],b[100];
     fp=fopen("d1.dat","wb");
     for(i=0;i<100;i++)
                a[i]=i+1;
     fwrite(a,sizeof(int),100,fp);
     fclose(fp);
     fp=fopen("d1.dat",_____(1)_____);
     fread(_____(2)_____);
     fclose(fp);
     for(i=0;i<100;i++)
          printf("%d\n",b[i]);
     return 0;
}
```

【解析】答案为：（1）"rb"；（2）b,sizeof(int),100,fp。本题考核 fwrite( )、fread( ) 及文件读写模式的使用方法。

【例6】有下列程序：

```
#include <stdio.h>
int main()
```

```
{    FILE *fp;
     int i,a[6]={1,2,3,4,5,6};
     fp=fopen("d3.dat","w+b");
     fwrite(a,sizeof(int),6,fp);
     fseek(fp,sizeof(int)*3,SEEK_SET);
     fread(a,sizeof(int),3,fp);
     fclose(fp);
     for(i=0;i<6;i++)
         printf("%d,",a[i]);
     return 0;
}
```

若运行该程序能正常打开文件，则程序的输出结果是（　　）。

A. 4,5,6,4,5,6,　　　　　B. 1,2,3,4,5,6,　　　C. 4,5,6,1,2,3,　　　D. 6,5,4,3,2,1,

【解析】答案为 A。本题考核 fwrite( )、fread( )及 fseek( )函数的使用方法。

"fwrite(a,sizeof(int),6,fp);"语句的功能是把数组 a 中的 6 个元素{1,2,3,4,5,6}按顺序写入文件。执行 "fseek(fp,sizeof(int)*3,SEEK_SET);"语句后，读文件的位置指针从文件头向后移动 3 个 int 型数据的长度，即指向 4 所在的位置。执行 "fread(a,sizeof(int),3,fp);"语句后，从文件读取 3 个整数存入数组 a 的开头，因此 a[0]、a[1]、a[2]变为 4、5、6。

【例 7】有以下程序：

```
#include <stdio.h>
int main()
{    FILE *fp;
     int a[10]={1,2,3},i,n;
     fp=fopen("d1.txt","w");
     for(i=0;i<3;i++)
         fprintf(fp,"%d",a[i]);
     fprintf(fp,"\n");
     fclose(fp);
     fp=fopen("d1.txt","r");
     fscanf(fp,"%d",&n);
     fclose(fp);
     printf("%d\n",n);
     return 0;
}
```

若在程序运行时文件打开成功，则程序的输出结果是（　　）。

A. 12300　　　　　　　B. 123　　　　　　　C. 1　　　　　　　D. 321

【解析】答案为 B。本题考核 fscanf( )和 fprintf( )函数的使用方法。

通过 "for(i=0;i<3;i++)　fprintf(fp,"%d",a[i]);"循环语句把数组 a 的前 3 个元素 1、2、3 依次写入文件，且每个整数只占 1 列，即文件中的内容为 "123"。"fp=fopen("d1.txt","r");　fscanf(fp,"%d",&n);"执行时，由于 "123"中无分隔符，所以从文件中读取的整数为 123。

【例 8】从名为 filea.txt 的文本文件中逐个读入字符并输出到屏幕上，请填空。

```
#include <stdio.h>
int main()
{
     FILE *fp; char ch;
     fp=fopen(_____(1)_____);
     ch=fgetc(fp);
     while(_____(2)_____)    //未到文件末尾
         {
             putchar(ch);
             ch=fgetc(fp);
         }
     putchar("\n");
     fclose(fp);
     return 0;
}
```

【解析】答案为：（1）"filea.txt","r"；（2）!feof(fp)或 feof(fp)==0。本题考核文件末尾检测函数

及文件打开函数的使用方法。

四、自测题

（一）单项选择题

1. 标准库函数 fgets(str,n,fp)的功能是（   ）。

   A. 从 fp 指向的文件中读取长度为 n 的字符串并将其存入指针 str 所指的内存

   B. 从 fp 指向的文件中读取长度不超过 $n-1$ 的字符串并将其存入指针 str 所指的内存

   C. 从 fp 指向的文件中读取 n 个字符串并将其存入指针 str 所指的内存

   D. 从 str 读取至多 n 个字符到文件 fp

2. 设 fp 为指向某二进制文件的指针，且已读到此文件末尾，则函数 feof(fp)的返回值为（   ）。

   A. EOF   B. 非 0 值   C. 0   D. NULL

3. 下列叙述中正确的是（   ）。

   A. C 语言中的文件是流式文件，因此只能顺序存取数据

   B. 打开一个已存在的文件，在对其进行写操作后，原有文件中的全部数据必定被覆盖

   C. 在一个程序中，当对文件进行了写操作后，必须先关闭该文件后再打开，才能读到第 1 个数据

   D. 当对文件的读（写）操作完成后，必须将它关闭，否则可能导致数据丢失

4. 读取二进制文件的函数调用形式为 "fread(buffer,size,count,fp);"，其中 buffer 代表的是（   ）。

   A. 一个文件指针，指向待读取的文件

   B. 一个整型变量，代表待读取的数据的字节数

   C. 一个内存块的起始地址，代表读入数据存放的地址

   D. 一个内存块的字节数

5. 有下列程序：

```
#include <stdio.h>
int main()
{    FILE *fp; int a[10]={1,2,3,0,0},i;
     fp=fopen("d2.dat","wb");
     fwrite(a,sizeof(int),5,fp);
     fwrite(a,sizeof(int),5,fp);
     fclose(fp);
     fp=fopen("d2.dat","rb");
     fread(a,sizeof(int),10,fp);
     fclose(fp);
     for(i=0;i<10;i++)
           printf("%d",a[i]);
     return 0;
}
```

上述程序的运行结果是（   ）。

   A. 1,2,3,0,0,0,0,0,0,0,   B. 1,2,3,1,2,3,0,0,0,0,

   C. 123,0,0,0,0,123,0,0,0,0,   D. 1,2,3,0,0,1,2,3,0,0,

6. 有以下程序：

```
#include <stdio.h>
int main()
{    FILE *pf;
     char *s1="China",*s2="Beijing";
```

```
pf=fopen("abc.dat","wb+");
fwrite(s2,7,1,pf);
rewind(pf);                //文件起始位置指针回到文件头
fwrite(s1,5,1,pf);
fclose(pf);
return 0;
}
```

以上程序执行后，abc.dat 文件的内容是（　　　　）。

　　A．China　　　　　　B．Chinang　　　　C．ChinaBeijing　　D．BeijingChina

（二）填空题

1．在 C 语言中，磁盘文件按数据存放的格式可分成＿＿＿＿＿和＿＿＿＿＿两种。

2．设有定义语句 "FILE *fw;"，请将以下用于打开文件的语句补充完整，以在文本文件 readme.txt 的最后续写内容。

```
fw=fopen("readme.txt",_____);
```

3．在 C 语言中，让文件读写位置指针重新回到文件头的函数是＿＿＿＿＿；用于返回文件读写位置指针相对于文件头的字节数的函数是＿＿＿（2）＿＿＿。

4．在 C 语言中，判断文件读写位置指针是否已经到文件末尾的函数是＿＿＿＿＿＿。

（三）选择填空题

下面的程序可以字符流形式读入一个文件，然后从文件中检索出 6 种 C 语言的关键字，并统计、输出每种关键字在文件中出现的次数。该程序规定：单词是一个以非空格、非'\t'、非'\n'开始，且以空格、'\t'或'\n'结束的字符串。请为横线处选择合适的语句或表达式。

```
#include <stdio.h>
#include <string.h>
struct key
{   char word[10];
    int count;
};
/*函数 getWord()用于从 fp 指向的文件中分离出单词，并返回单词的起始地址*/
char *getWord(FILE *fp,char buf[])
{   int i=0;
    char c ;
    while((c=fgetc(fp))!=EOF&&(c==' '||c=='\t'||c=='\n'));
    if(c==EOF)
            return NULL;
    else
            buf[i++]=c;
    while((c=_____(1)_____&&c!=' '&&c!='\t'&&c!='\n')
            buf[i++]=c;
    buf[i]='\0';
    return buf;
}
/*函数 lookUp()用于判断单词 word 是不是 keyWord 中的关键词*/
void lookUp(struct key keyWord[],int num,char *word)
{   int i;
    char *q,*s;
    for(i=0;i<num;i++)
    {   q=_____(2)_____;
        s=word;
        while(*s&&*q&&(*s==*q))
        {   _____(3)_____
        }
        if( _____(4)_____ )
        {
            keyWord[i].count++;
            break;
        }
    }
}
```

```
int main()
{    int i;
     char *word;
     char fname[20],buf[100];
     FILE *cp;
     int num;
     struct key keyWord[]={{"if",0},{"char",0},{"int",0},{"else",0},{"while",0},
{"return",0}};
     printf("Input file name:");
     scanf("%s",fname);
     if((cp=fopen(fname,"r"))==NULL)
         printf("文件打开失败:%s\n",fname);
     else
     {   num=sizeof(keyWord)/sizeof(struct key);        //计算 keyWord 数组的大小
         while(              (5)              )
             lookUp(keyWord,num,word);
         fclose(cp);
         for(i=0;i<num;i++)
             printf("keyWord:%-20s count=%d\n",keyWord[i].word,keyWord[i].count);
     }
     return 0;
}
```

（1）A.　fgetc(fp))!=EOF　　　　　　　　　B.　fgetc(fp))==EOF

　　　C.　fgetc(fp))　　　　　　　　　　　　D.　fgetc(fp))!=NULL

（2）A.　keyWord[i].word[0]　　　　　　　　B.　&keyWord[i].word

　　　C.　keyWord[i].word[10]　　　　　　　D.　keyWord[i].word

（3）A.　s++;　　　　B.　s++;q++;　　　　C.　q++;　　　　D.　s=q;

（4）A.　s=q　　　　B.　*s=*q　　　　C.　*s==*q　　　　D.　s!=NULL

（5）A.　(word=getWord(cp,buf))!=NULL　　　　B.　word=getWord(cp,buf)!=NULL

　　　C.　(word=getWord(cp,buf))==NULL　　　　D.　(*word=getWord(cp,buf))!=NULL

（四）程序设计题

1. 编写一个程序，将指定文本文件中包含"if"或"for"的行输出到屏幕上。（每行少于 255 个字符。）

2. 商品销售信息结构体定义语句如下。

```
struct Node
{    char id[6];                    //商品编号
     char caseName[9];              //商品品牌
     char name[15];                 //商品类别
     float price;                   //商品单价
     float counter;                 //销售数量
     float total;                   //销售总额
};
typedef struct Node Commodity;
```

请编写 void writeToFile(Commodity s[],char *filename,int n)函数，将数组 s 中的 n 条商品信息存入二进制文件 filename 中；编写 int readFromFile(Commodity s[],char *filename)函数，从二进制文件 filename 中读取商品信息并存入数组 s 中，函数返回正确读取的记录数。

第10章

C 语言综合性程序设计案例分析

一、本章学习要求

（1）了解软件生命周期各阶段的主要任务。

（2）通过对图书管理程序案例的分析，理解需求分析、总体设计、详细设计的基本方法。

（3）熟悉图书管理程序案例中各模块功能的编码实现方法，掌握自顶向下模块化程序设计的基本方法。

二、本章学习要点

要点1：软件生命周期

软件生命周期由软件规格描述、软件开发、软件确认和软件维护4个基本活动组成。

软件规格描述的主要任务是解决"做什么"的问题，即确定软件开发工程必须完成的总目标；软件规格描述通常划分成3个阶段：问题定义、可行性研究和需求分析。

软件开发的主要任务是解决"如何做"的问题，即设计和实现在前一个阶段定义的软件，它通常由3个阶段组成：总体设计、详细设计、编码实现。

软件确认的主要任务是"确认实现的软件能否满足用户的要求"，即依据规格说明来测试实现的软件。软件测试包括单元测试、集成测试、系统测试等。

软件维护的主要任务是使软件持久地满足用户的需要。

要点2：需求分析

需求分析主要是明确了为了解决某个问题，目标软件必须做什么。为此，分析员要通过各种途径与用户沟通，获取他们的真实需求，并通过建模技术来表达这些需求。

在需求分析阶段确定的软件逻辑模型是以后设计和实现目标软件的基础，必须准确完整地体现用户的需求。这个阶段的一项重要任务是用正式文档准确地记录对目标软件的需求，这份文档通常称为规格说明书。

要点3：总体设计与详细设计

总体设计又称为概要设计，这个阶段的主要任务是确定软件的架构，即给出软件的体系结构。详细设计阶段的任务是把解决问题的方法具体化，也就是回答"应该怎样具体地实现这个软件"

的问题。

这个阶段的任务不是编写程序，而是设计出程序的详细规格说明。

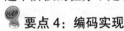 **要点 4：编码实现**

编码实现阶段的关键任务是写出正确、容易理解、容易维护的程序。在编写程序的过程中，遵循标识符的命名规则、合理使用注释等良好的习惯对程序维护至关重要。

三、基于用户角色的图书管理系统案例详解

主教材第 10 章给出了一个 C 语言的综合课程设计案例，该案例采用模块化设计思想，综合应用主教材中所讲解的知识，模拟实现了一个基于用户角色的图书管理系统。该系统的总体功能模块如图 1-10-1 所示。该系统分为四大模块，每个模块模拟实际的图书借阅管理业务流程定义了相应的功能。

图 1-10-1　基于用户角色的图书管理系统的总体功能模块

下面对该系统的核心模块的实现方法做详细说明。受篇幅限制，这里没有给出该系统所有的代码。主教材的配套资源中提供了 LibrarySystem01～LibrarySystem09 和 LibrarySystem 10 个文件夹，其中依次记录了本案例开发的阶段性过程，可让读者体会自顶向下的模块化程序设计的基本过程，掌握程序调试的基本方法，LibrarySystem 文件夹包含最终的集成项目文件。

（一）系统核心数据类型的定义

在详细设计阶段确定图书信息、用户信息和图书借阅信息等数据结构，如表 1-10-1～表 1-10-3 所示。

（1）图书信息。为简化设计，本案例的图书信息只包括图书编号、图书名称、图书单价和图

书状态等属性，如表 1-10-1 所示。

表 1-10-1　　　　　　　　　　　　　　　图书信息表

属性名称	类型	长度	可否为空
图书编号	长整型	默认	否
图书名称	字符串	30	否
图书单价	浮点型	默认	否
图书状态	整型	默认	否

（2）用户信息。用户的基本信息包括用户账号、姓名、院系、角色、E-mail、密码等。为方便查询当前借书与历史借书情况，还设置了当前借书量、总借书量等属性，如表 1-10-2 所示。

表 1-10-2　　　　　　　　　　　　　　　用户信息表

属性名称	类型	长度	可否为空
用户账号	字符串	10	否
姓名	字符串	8	否
院系	整型	默认	否
角色	整型	默认	否
E-mail	字符串	15	可
密码	字符串	6	可
当前借书量	整型	默认	否
总借书量	整型	默认	否

（3）图书借阅信息。图书借阅信息包括用户账号、图书编号、借书日期、应还日期、实际归还日期、状态等属性，如表 1-10-3 所示。其中状态分为首次借用、续借和归还 3 种状态。

表 1-10-3　　　　　　　　　　　　　　　图书借阅信息表

属性名称	类型	长度	可否为空
用户账号	字符串	10	否
图书编号	长整型	默认	否
借书日期	自定义日期型	12	否
应还日期	自定义日期型	12	否
实际归还日期	自定义日期型	12	可
状态	整型	默认	否

打开 LibrarySystem 文件夹中的项目，librarysystem.h 头文件里定义了上述结构体类型，代码如下所示。

```c
#include <stdio.h>
#include <stdlib.h>
#include <time.h>
#include <conio.h>
#include <string.h>
#include <windows.h>
#define MAX_USER            1000        //最大用户数量
#define MAX_BOOK            5000        //最大图书量
#define LENGTH_OF_USERID    10          //用户账号最大长度
#define LENGTH_OF_PASS      6           //密码最大长度
```

```
#define MAX_BROW_BOOK              10                  //最大借书量
char *department[]={ "图书馆","教育","历史","政法","文学","音乐","美术","商学院","数学","
物理","化学","生命","体育","计算机","城建","地理","传播","国教","心理","软件","科技","财政","初
教","成教"};        //department 为院系名称数组
char *role[]={"系统管理员","图书管理员","学生","教师"};     //role 为角色名称数组
struct datenode
{
        short year;
        short month;
        short day;
};
typedef struct datenode date;                       //日期结构体类型

struct usernode
{
        char userId[LENGTH_OF_USERID+1];    //用户账号
        char name[9];                       //姓名
        int  department;                    //院系
        int  role;                          /*角色, 0 表示系统管理员, 1 表示图书管理员,
                                              2 表示学生, 3 表示教师*/
        char email[16];                     //E-mail
        char password[LENGTH_OF_PASS+1];    //密码
        int  count;                         //当前借书量
        int  total;                         //总借书量
};
typedef struct usernode user;                       //用户结构体类型
struct booknode
{
        long bookId;                        //图书编号
        char name[30];                      //图书名称
        float price;                        //图书单价
        int status;                         //图书状态, 0 表示可借, 1 表示已借出
};
typedef struct booknode book;                       //图书结构体类型

struct borrownode
{       long bookId;                        //图书编号
        char userId[LENGTH_OF_USERID+1];    //用户账号
        date borrowDay;                     //借书日期
        date returnDay;                     //应还日期
        date realReturnDay;                 //实际归还日期
        int status;                         //状态
};
typedef  struct borrownode borrowBook;             //借阅结构体类型
```

（二）系统登录功能的实现

在图书管理系统运行时，首先显示系统主界面，如图 1-10-2 所示。当输入 1 选择"1 登录系统"选项时，进入用户登录界面，如图 1-10-3 所示。在该界面中需要输入用户名、密码和验证码，以进行身份验证，验证成功后根据角色显示相应的菜单。

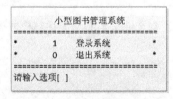

图 1-10-2　图书管理系统主界面

图 1-10-3　用户登录界面

用于实现上述功能的主要函数如下。

通过在 main( )函数中循环执行语句"c=mainMenu();"来显示系统主界面，若输入 1 选择"1 登录系统"选项，则调用 int login( )函数进行身份验证，并返回登录用户的角色；将用户角色与用户

名作为参数传递给 enterSystem( )函数，并显示该角色对应的菜单。main( )函数的实现代码如下。

```
int main()
{       int c,loop=1;
        char currentUserId[LENGTH_OF_USERID+1];          //当前用户账号
        while(loop==1)
        {
            system("cls");          //清除屏幕
            c=mainMenu();           //显示登录菜单
            switch(c)
            {       case 1:         //登录系统
                        c=login(currentUserId);          //调用身份验证函数，返回用户角色
                        enterSystem(c,currentUserId);    //显示不同角色对应的菜单
                        break;
                    default:        //退出系统
                        loop=0;
                        break;
            }
            showtime(1);
        }
        return 0;
}
```

主菜单函数 mainMenu( )的实现代码如下。

```
/*
        @函数名称：mainMenu
        @入口参数：无
        @函数功能：登录菜单，返回用户选择的选项
*/
int mainMenu()
{       int c;
        gotox(6);
        printf("\t\t\t          小型图书管理系统\n");
        printf("\t\t\t===============================\n");
        printf("\t\t\t*          1   登录系统\t\t*\n");
        printf("\t\t\t*          0   退出系统\t\t*\n");
        printf("\t\t\t===============================\n");
        printf("\t\t\t 请输入选项[ ]\b\b");
        scanf("%d",&c);
        return c;
}
```

为增强系统的安全性，在同一次登录中最多允许进行 3 次身份验证，若 3 次验证均不成功，将退出登录，回到系统主界面。身份验证采用字符验证码技术。login( )函数的实现代码如下。

```
/*
        @函数名称：login
        @入口参数：char currentUserId[]
        @函数功能：验证用户身份信息，返回用户角色
*/
int login(char currentUserId[])
{
        user userArray[MAX_USER];                    //用户数组
        int userTotal;                               //用户总数
        int counter=3;
        char verificationCode[5];                    //用于存放验证码
        char inputVerificationCode[5];               //用于存放用户输入的验证码
        char originalPassWord[LENGTH_OF_PASS+1];
        char password[LENGTH_OF_PASS+1];
        int pos;
        userTotal=readUserFromFile(userArray,"user.dat");    //从文件中读取用户信息
        while(counter>0)
        {       system("cls");
                counter--;
                displayTopic("小型图书管理系统-->用户登录");
                printf("用户名：[          ]\b\b\b\b\b\b\b\b\b");
                scanf("%s",currentUserId);
```

```
                        printf("密  码: [          ]\b\b\b\b\b\b\b\b\b");
                        inputPassWord(password,7);
                        getVerificationCode(verificationCode,4);
                        printf("验证码: [          ] %s\b\b\b\b\b\b\b\b\b\b\b\b\b",
verificationCode);
                        scanf("%s",inputVerificationCode);
                        pos=userSearch(userArray,userTotal,currentUserId);
                        if(pos==-1)
                        {   printf("该用户不存在! 还有%d 次登录机会。\n",counter);
                            getch();
                            continue;
                        }
                        else
                        {   strcpy(originalPassWord,userArray[pos].password);
                            decryption(originalPassWord);      //解密原始密码
                            if(strcmp(originalPassWord,password)!=0)
                            {   printf("输入的密码有误, 还有%d 次登录机会。\n",counter);
                                getch();
                                continue;
                            }
                            else
                            if(strcasecmp(verificationCode,inputVerificationCode)!=0)
                            {   printf("输入的验证码有误, 还有%d 次登录机会。\n",counter);
                                getch();
                                continue;
                            }
                            else
                                return userArray[pos].role;  //返回用户角色
                        }
                    }
                return -1;                                    //登录失败
}
```

当输入密码时，真实密码不能回显在屏幕上，而是用字符"*"来代替。密码输入函数inputPassWord( )的实现代码如下。

```
/*
            @函数名称: inputPassWord
            @入口参数: char password[], int n
            @函数功能: 输入最大长度为 n 的密码
*/
void inputPassWord(char password[],int n)
{
        int i;
        char c;
        i=0;
        while(i<n)
        {
            c=getch();
            if(c=='\r') break;                  //回车键
            if(c==8&&i>0 )
                {   printf("\b \b");            //退格键
                    i--;
                }
            else
                {   password[i++]=c;            //有效密码字符
                    printf("*");                //回显"*"符号
                }
        }
        printf("\n");
        password[i]='\0';
}
```

使用明文密码容易发生密码泄露，在真实的应用系统中，需要对系统中的密码进行加密处理。这里采用位运算来模拟密码加密过程，加密函数 encryption( )的实现代码如下。

```
/*
            @函数名称: encryption
```

```
        @入口参数: char password[]
        @函数功能: 对密码进行加密
*/
void encryption(char password[])
{
        int i=0;
        while(password[i]!='\0')
        {       password[i]=password[i]^0xba;              //对密码加密
                i++;
        }
}
```

由于存储在系统中的密码进行了加密，因此在进行身份验证时需要对加密后的密码进行解密，这个过程与加密过程相反，系统中采用函数 decryption()来实现。在本例中，解密算法与加密算法相同，请查看源代码并分析其原理。

getVerificationCode(char verificationCode[],int n)函数用于产生 n 位验证码，并将其通过数组 verificationCode 返回，具体实现代码如下。

```
/*
        @函数名称: getVerificationCode
        @入口参数: char verificationCode[], int n
        @函数功能: 产生 n 位验证码
*/
void getVerificationCode(char verificationCode[],int n)
{   char str[]="2323456789abcdefghijklmnopqrstuvwxyzABCDEFGHIJKLMNOPQRSTUVWXYZ";
            //因 0、1 易与字母 o、1 混淆，所以不用
    int i;
    srand(time(NULL));
    for(i=0;i<n;i++)
            verificationCode[i]=str[rand()%62];
    verificationCode[n]='\0';
}
```

登录成功后，login( )函数会返回用户的角色（0 为系统管理员，1 为图书管理员，2 为学生，3 为教师）。在 main( )函数中调用 enterSystem( )函数显示对应角色的菜单。enterSystem( )函数采用 switch case 语句分情况调用 adminSystem( )、librarySystem( )、studentSystem( )和 teacherSystem( )函数来实现流程转移。用户身份验证流程如图 1-10-4 所示。

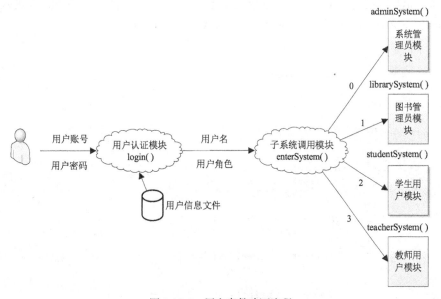

图 1-10-4　用户身份验证流程

enterSystem( )函数的实现代码如下。

```
/*
            @函数名称: enterSystem
            @入口参数: int c, char currentUserId[]
            @函数功能: 根据用户的角色调用不同的管理模块
*/
void enterSystem(int c,char currentUserId[])
{
        switch(c)
        {
                case 0:             //c 为 0 表示系统管理员
                                    adminSystem(currentUserId);
                                    break;
                case 1:             //c 为 1 表示图书管理员
                                    librarySystem(currentUserId);
                                    break;
                case 2:             //c 为 2 表示学生用户
                                    studentSystem(currentUserId);
                                    break;
                case 3:             //c 为 3 表示教师用户
                                    teacherSystem(currentUserId);
                                    break;
                default:
                                    break;
        }
}
```

在编码初期，可以简化 login( )函数的设计，跳过用户身份验证环节，避免每次调试程序时都要进行用户身份验证。具体做法：根据需要调试的模块直接确定 login( )函数的返回值。例如，当在调试系统管理员模块时，只需将 login( )函数设计为如下形式。

```
int login(char currentUserId[])
{
        return 0;
}
```

同理，当需要调试教师用户模块时，只需将 login( )函数返回值改为 3 即可。身份验证的具体实现可以在系统集成阶段完成，这样可以大大提高调试效率，同时也可使各开发人员并行工作，保证项目进程。

在登录、退出系统时显示时间与欢迎界面是通过 showtime( )函数来实现的。在进入系统时调用 showtime(0)，退出系统时调用 showtime(1)，showtime( )函数的代码如下。

```
/*
            @函数名称: showtime()
            @入口参数: int k
            @函数功能: 显示时间与欢迎界面
*/
void showtime(int k)
{
        time_t nowtime;
        struct tm *t;
        time(&nowtime);
        t=localtime(&nowtime);
        if(t->tm_hour>=5&&t->tm_hour<9)
                printf("早上好! \n");
        else
                if(t->tm_hour>=9&&t->tm_hour<12)
                        printf("上午好! \n");
                else
                        if(t->tm_hour>=12&&t->tm_hour<18)
                                printf("下午好! \n");
                        else
                                printf("晚上好! \n");
        switch(k)
```

```
{
    case 0: printf("欢迎使用图书管理系统! ");  //进入系统时调用 showtime(0);
            break;
    case 1: printf("\t 谢谢使用图书管理系统! \n");//退出系统时调用 showtime(1);
            printf("\t 当前时间: %s",ctime(&nowtime));
            break;
    }
}
```

（三）系统管理员模块的设计与实现

系统管理员模块主要包括浏览用户、添加用户、删除用户、显示图书、批量添加图书、删除图书、初始化用户密码、修改登录密码、系统备份和注销等功能，如图 1-10-5 所示。

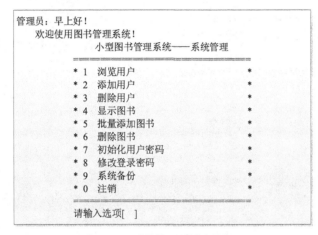

```
管理员: 早上好!
    欢迎使用图书管理系统!
                小型图书管理系统——系统管理

    * 1  浏览用户                              *
    * 2  添加用户                              *
    * 3  删除用户                              *
    * 4  显示图书                              *
    * 5  批量添加图书                          *
    * 6  删除图书                              *
    * 7  初始化用户密码                        *
    * 8  修改登录密码                          *
    * 9  系统备份                              *
    * 0  注销                                  *

    请输入选项[  ]
```

图 1-10-5　系统管理员模块的界面

用户信息、图书信息和图书借阅信息分别存放在 user.dat、book.dat 和 borrow.dat 这 3 个二进制文件中。

执行 adminSystem( )函数时，首先从 user.dat 文件中读取用户信息存入 userArray 结构体数组中，并用 userTotal 记录用户的数量；然后从 book.dat 文件中读取图书信息存入 bookArray 结构体数组中，并用 bookTotal 记录图书总数；最后从 borrow.dat 文件中读取图书借阅信息存入结构体数组 borrowBookArray 中，并用 borrowTotal 记录全部用户的借书总量。

在此基础上，循环显示系统管理员模块的界面，根据用户的输入执行相应的操作，直至用户注销系统，回到系统主界面。

使用 adminSystem( )函数实现上述功能，其代码如下。

```
/*
    @函数名称: adminSystem
    @入口参数: char currentUserId[]
    @函数功能: 系统管理员模块的程序
*/
void adminSystem(char currentUserId[])
{
    int c,loop=1;
    user userArray[MAX_USER];                          //用户结构体数组
    book bookArray[MAX_BOOK];                           //图书结构体数组
    borrowBook borrowBookArray[MAX_BOOK*2];             //图书借阅结构体数组
    int userTotal;                                      //用户总数
    int bookTotal;                                      //图书总数
    int borrowTotal;                                    //借书总数
    int pos;
    userTotal=readUserFromFile(userArray,"user.dat"); //从文件中读取用户信息
    bookTotal=readBookFromFile(bookArray,"book.dat"); //从文件中读取图书信息
    borrowTotal=readBorrowFromFile(borrowBookArray,"borrow.dat"); /*从文件中读取图
```

书借阅信息*/

```
            pos=userSearch(userArray,userTotal,currentUserId);  //查找用户信息
            while(loop==1)
            {
                    system("cls");
                    printf("%s:",userArray[pos].name);              //显示当前用户姓名
                    showtime(0);                                    //显示时间与欢迎界面
                    c=menuAdmin();  //显示系统管理员角色对应的菜单
                    switch(c)
                    {
                            case 1:   //浏览用户
                                    printUser(userArray,userTotal);
                                    system("pause");
                                    break;
                            case 2:   //添加用户
                                    inputUser(userArray,&userTotal);
                                    writeUserToFile(userArray,userTotal,"user.dat");//存盘
                                    break;
                            case 3:   //删除用户
                                    deleteUser(userArray,&userTotal,currentUserId);
                                    writeUserToFile(userArray,userTotal,"user.dat");
                                    printUser(userArray,userTotal);
                                    break;
                            case 4:   //显示图书
                                    printBook(bookArray,bookTotal);
                                    system("pause");
                                    break;
                            case 5:   //批量添加图书
                                    importBookFromFile(bookArray,&bookTotal);
                                    printBook(bookArray,bookTotal);
                                    system("pause");
                                    break;
                            case 6:   //删除图书
                                    deleteBook(bookArray,&bookTotal);
                                    writeBookToFile(bookArray,bookTotal,"book.dat");
                                    printBook(bookArray,bookTotal);
                                    break;
                            case 7:   //初始化用户密码
                                    printUser(userArray,userTotal);
                                    initPassWord(userArray,userTotal);
                                    break;
                            case 8:   //修改登录密码
                                    modifyPassWord(userArray,userTotal,currentUserId);
                                    system("pause");
                                    break;
                            case 9:   //系统备份
                                    system("cls");
                                    displayTopic("小型图书管理系统——数据备份");
                                    backupUser(userArray,userTotal);
                                    backupBook(bookArray,bookTotal);
                                    backupBorrow(borrowBookArray,borrowTotal);
                                    system("pause");
                                    break;
                            default:  //注销
                                     loop=0;
                                     break;

                    }
            }
            return;
}
```

下面对程序中的主要函数进行详细说明。

1. 相关辅助函数的实现

（1）从文件中读取用户信息函数 readUserFromFile( )。该函数采用数据块读取方式从二进制文

件中读取用户信息到 userArrray 数组中，并且返回读取的用户记录总数。其代码如下。

```
/*
        @函数名称：readUserFromFile
        @入口参数：user userArray[], char *f
        @函数功能：从文件中读取用户信息至数组，并返回用户记录总数
*/
int readUserFromFile(user userArray[],char *f)
{
        FILE *fp;
        int counter=0,k;
        fp=fopen(f,"rb");
        if(fp==NULL) return 0;        //文件打开失败
        else
        {
                while(1)
                {
                        k=fread(userArray+counter,sizeof(user),1,fp);   //读取一条用户记录
                        if(k==1) counter++;
                        else     break;
                }
                fclose(fp);            //关闭文件
                return counter;        //返回用户记录总数
        }
}
```

（2）从文件中读取图书信息函数 readBookFromFile( )。该函数采用数据块读取方式从二进制文件中读取图书信息到 bookArray 数组中，并且返回读取的图书记录总数。其代码如下。

```
/*
        @函数名称：readBookFromFile
        @入口参数：book bookArray[], char *f
        @函数功能：从文件中读取图书信息至数组，并返回图书记录总数
*/
int readBookFromFile(book bookArray[],char *f)
{
        FILE *fp;
        int counter=0,k;
        fp=fopen(f,"rb");
        if(fp==NULL) return 0;   //文件打开失败
        else
        {
                while(1)
                {
                        k=fread(bookArray+counter,sizeof(book),1,fp);//读取一条图书信息
                        if(k==1) counter++;
                        else        break;
                }
                fclose(fp);             //关闭文件
                return counter; //返回图书记录总数
        }
}
```

（3）从文件中读取图书借阅信息函数 readBorrowFromFile( )。该函数采用数据块读取方式从二进制文件中读取图书借阅信息到 borrowArray 数组中，并且返回读取的图书借阅信息记录总数。其代码如下。

```
/*
        @函数名称：readBorrowFromFile
        @入口参数：borrowBook borrowArray[], char *f
        @函数功能：从文件中读取所有借书记录，并返回读取的图书借阅信息记录总数
*/
int readBorrowFromFile(borrowBook borrowArray[],char *f)
{
        FILE *fp;
        int counter=0,k;
        fp=fopen(f,"rb");
```

```
        if(fp==NULL) return 0;      //文件打开失败
        else
        {
            while(1)
            {
                k=fread(borrowArray+counter,sizeof(borrowBook),1,fp);  //读取一条借阅记录
                if(k==1)  counter++;
                else      break;
            }
            fclose(fp);                     //关闭文件
            return counter;                 //返回图书借阅信息记录总数
        }
    }
```

（4）查找用户信息函数 userSearch( )。为提高检索效率，book.dat 文件中保存的用户信息是按照用户名升序排列的，这样便可以采用二分查找法进行用户信息检索。其代码如下。

```
    /*
        @函数名称: userSearch
        @入口参数: user userArray[], int userTotal, char id[]
        @函数功能: 采用二分查找法在userArray[]中查找指定用户账号对应的记录的位置，若查找失败则返回-1
    */
    int userSearch(user userArray[],int userTotal,char id[])
    {
        int left=0,right=userTotal-1,mid;
        int k;
        while(left<=right)
        {
            mid=(left+right)/2;                         //二分查找法
            k=strcmp(userArray[mid].userId,id);
            if(k==0)
                return mid;
            else
                if(k<0)
                    left=mid+1;
                else
                    right=mid-1;
        }
        return -1;                              //查找失败
    }
```

（5）显示系统管理员模块菜单函数 menuAdmin( )。该函数用于显示系统管理员模块菜单，并返回用户输入的选项编号。其代码如下。

```
    /*
        @函数名称: menuAdmin
        @入口参数: 无
        @函数功能: 显示系统管理员模块菜单，返回用户选择的选项编号
    */
    int menuAdmin()
    {
        int c;
        gotox(6);
        printf("\t\t\t    小型图书管理系统——系统管理\n");
        printf("\t\t\t===============================\n");
        printf("\t\t\t*   1\t 浏览用户\t\t*\n");
        printf("\t\t\t*   2\t 添加用户\t\t*\n");
        printf("\t\t\t*   3\t 删除用户\t\t*\n");
        printf("\t\t\t*   4\t 显示图书\t\t*\n");
        printf("\t\t\t*   5\t 批量添加图书\t\t*\n");
        printf("\t\t\t*   6\t 删除图书\t\t*\n");
        printf("\t\t\t*   7\t 初始化用户密码\t\t*\n");
        printf("\t\t\t*   8\t 修改登录密码\t\t*\n");
        printf("\t\t\t*   9\t 系统备份\t\t*\n");
        printf("\t\t\t*   0\t 注销\t\t\t*\n");
        printf("\t\t\t===============================\n");
        printf("\t\t\t 请输入选项[ ]\b\b");
```

```
        scanf("%d",&c);
        return c;
}
```

2. 系统管理员模块的功能设计与实现

（1）浏览用户功能。该功能用于显示系统中所有用户的信息，为方便查阅，这里采用分页方式进行显示，每页显示 10 条记录，通过↑、↓、Esc 键进行浏览控制。该功能的界面设计如图 1-10-6 所示。在系统运行时，"姓名"列显示的是用户的真实姓名，这里用"*"代替。

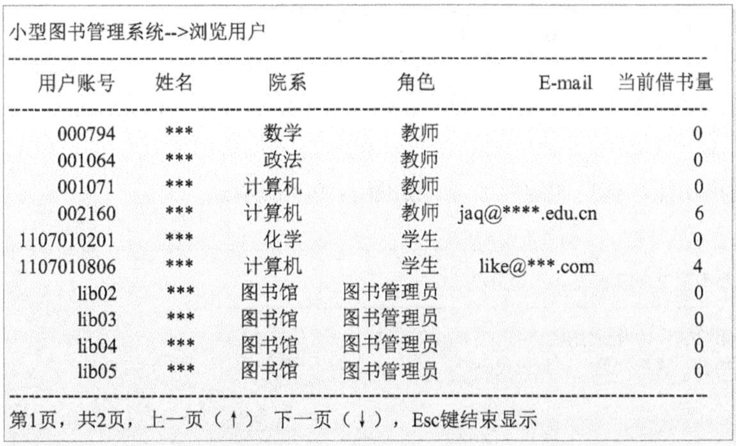

```
小型图书管理系统-->浏览用户
--------------------------------------------------------------------------------
  用户账号      姓名       院系          角色           E-mail     当前借书量
--------------------------------------------------------------------------------
    000794      ***       数学          教师                            0
    001064      ***       政法          教师                            0
    001071      ***       计算机        教师                            0
    002160      ***       计算机        教师      jaq@****.edu.cn       6
  1107010201    ***       化学          学生                            0
  1107010806    ***       计算机        学生      like@***.com          4
    lib02       ***       图书馆        图书管理员                      0
    lib03       ***       图书馆        图书管理员                      0
    lib04       ***       图书馆        图书管理员                      0
    lib05       ***       图书馆        图书管理员                      0
--------------------------------------------------------------------------------
第1页，共2页，上一页（↑）  下一页（↓），Esc键结束显示
```

图 1-10-6　浏览用户界面设计

考虑到系统的安全性，系统管理员账户的信息被屏蔽。上述功能用 printUser( )函数实现，其代码如下。

```
    /*
        @函数名称：printUser
        @入口参数：user userArray[], int userTotal
        @函数功能：将用户信息分页显示在屏幕上
    */
    void printUser(user userArray[],int userTotal)
    {   int i,j,k,page=0,totalPage;
        unsigned short ch;
        if(userTotal>0)
        {   totalPage=(userTotal-1)/10;                      //每页显示 10 条记录
            if(totalPage*10<userTotal-1) totalPage++;        //计算总页数
            for(i=0;i<userTotal;)
            {   system("cls");
                displayTopic("小型图书管理系统-->浏览用户");
                page++;
                printf("%12s%9s%15s%11s","用户账号","姓名","院系","角色");
                printf("%17s%11s\n","E-mail","当前借书量");
                for(k=0;k<80;k++)   putchar('-');
                printf("\n");

                for(j=0;j<10&&i<userTotal;j++)
                {
                    if(userArray[i].role!=0)                  //不显示系统管理员账户的信息
                    {
                        printf("%12s",userArray[i].userId);
                        printf("%9s",userArray[i].name);
                        printf("%15s",getDepartment(userArray[i].department));
                        printf("%11s",getRole(userArray[i].role));
                        printf("%17s",userArray[i].email);
                        printf("%11d\n",userArray[i].count);
                    }
                    i++;
```

```
                }
                for(k=0;k<80;k++)  putchar('-');
                printf("\n");
                printf("第%d页,共%d页,上一页(↑) 下一页(↓),Esc键结束显示\n",page,totalPage);
                ch=getch();
                if(27==ch) return;                      //实现 Esc 键对应的功能
                if(0==ch||0xe0==ch) ch|=getch()<<8;     //按下的是非字符键
                if(0x48e0==ch)                          //实现↑键对应的功能
                {       i=i-j;
                        if(i>10)
                             { i=i-10; page-=2;}
                        else
                             {i=0; page=0;}
                }
            }
        }
    }
```

（2）添加用户功能。该功能的界面设计如图 1-10-7 所示。

```
小型图书管理系统-->添加用户
---------------------------------------------
用户账号（为q时结束）: [002780✓      ]
姓名   院系代码     角色代码
---------------------------------------------
李四   02           03✓
success...
请按任意键继续...
```

图 1-10-7　添加用户界面设计

在添加用户信息时，先输入用户名，系统检索该用户名是否存在，若该用户名在系统中已存在，则显示"该账号已存在! 请重新输入!"的提示信息；若该用户名不存在，则进一步接收输入的姓名、院系代码和角色代码等内容，程序自动设置用户初始密码为"123456"。

这里的用户名，教师可以采用教师工号，学生可以采用学号，系统管理员和图书管理员可以设置特定的账号。

若用户信息添加成功，按任意键后，可继续添加其他用户信息。若输入"q"，则可结束添加用户信息的过程，并显示成功添加的总记录数。

要实现上述功能，可使用 inputUser( )函数，其代码如下。

```
/*
        @函数名称: inputUser()
        @入口参数: user userArray[], int *n
        @函数功能: 添加用户信息
*/
void inputUser(user userArray[],int *n)
{
    int counter=0,j;
    user account;
    if(*n<MAX_USER)
    {
        while(1)
        {
            system("cls");
            displayTopic("小型图书管理系统-->添加用户");
            printf("用户账号（为q时结束）: [          ]\b\b\b\b\b\b\b\b\b\b\b");
            scanf("%s",account.userId);             //输入用户账号
            if(account.userId[0]=='q')
                        break;
```

```
        if(userSearch(userArray,*n,account.userId)==-1)//查找该用户账号是否存在
        {
                printf("姓名\t 院系代码\t 角色代码\n");
                printf("----------------------------------\n");
                scanf("%s",account.name);                 //输入姓名
                scanf("%d",&account.department);          //输入院系代码
                scanf("%d",&account.role);                //输入角色代码
                strcpy(account.email,"");                 //初始 E-mail 为空
                strcpy(account.password,"123456");        //初始密码为 123456
                encryption(account.password);            //对密码进行加密
                account.count=0;                         //当前借书量为 0
                account.total=0;                         //总借书量为 0
                j=*n-1;
                while(j>=0&&strcmp(userArray[j].userId,account.userId)>0)
                {
                        userArray[j+1]=userArray[j];
                        j--;
                }
                userArray[j+1]=account;           //将新添加的用户插入适当位置
                (*n)++;
                counter++;
                printf("success…\n");
                system("pause");
                if(*n==MAX_USER) break;           //数组容量已满
        }
        else
        {
                printf("该账号已存在! 请重新输入! \n");
                system("pause");
        }
    }
    printf("成功创建%d 条账户信息!\n",counter);
    system("pause");
}
```

（3）删除用户功能。该功能用于删除系统中的账户信息，其界面设计如图 1-10-8 所示。

```
小型图书管理系统-->删除用户
----------------------------------------------------------------
  用户账号      姓名     院系        角色         E-mail       当前借书量
----------------------------------------------------------------
    000794      ***      数学        教师                          0
    001064      ***      政法        教师                          0
    001071      ***      计算机      教师                          0
    002160      ***      计算机      教师      jaq@****.edu.cn     6
 1107010201     ***      化学        学生                          0
 1107010806     ***      计算机      学生      like@***.com        4
    lib02       ***      图书馆      图书管理员                    0
    lib03       ***      图书馆      图书管理员                    0
    lib04       ***      图书馆      图书管理员                    0
    lib05       ***      图书馆      图书管理员                    0
----------------------------------------------------------------
第1页，共2页，上一页（↑）  下一页（↓），Esc键结束显示
请输入要删除的用户账号（输入不存在的账号返回）：[001064↙    ]
真的要删除吗？（y/n）
```

图 1-10-8　删除用户界面设计

在系统运行时，先显示用户信息供管理员查询，若查询到需要删除的用户账号（或已知要删

除的用户账号），则可按 Esc 键结束查询过程。

在删除用户信息时，程序提示"请输入要删除的用户账号（输入不存在的账号返回）："，输入账号后，程序检索该账号是否存在，若检索成功，则程序提示"真的要删除吗？（y/n）"，确认后执行删除操作，以防止因误输入造成的误删除；若检索失败，则程序自动结束删除过程。

如果拟删除的用户还有尚未归还的图书，则不允许执行删除操作。上述功能可用 deleteUser( ) 函数实现，其代码如下。

```
/*
        @函数名称: deleteUser
        @入口参数: user userArray[], int *n, user currentUser[]
        @函数功能: 删除用户信息
*/
void deleteUser(user userArray[],int *n,user currentUser[])
{
    char id[LENGTH_OF_USERID+1],ans;
    int pos,i;
    system("cls");
    printUser(userArray,*n);
    printf("请输入要删除的用户账号（输入不存在的账号返回）: [         ]\b\b\b\b\b\b\b\b\b\b\b\b");
    scanf("%s",id);
    if(strcmp(id,currentUser)!=0)                     //不能删除当前用户
    {
            pos=userSearch(userArray,*n,id);          //查找位置
            if(pos==-1)                               //查找失败
                    {   printf("无此用户! \n");
                        system("pause");
                        return ;
                    }
            if(userArray[pos].count!=0)
                    {
                            printf("请先还清所借图书，才能删除该用户! \n");
                            system("pause");
                            return ;
                    }
            printf("真的要删除吗? (y/n)");
            scanf(" %c",&ans);
            if(ans=='y'||ans=='Y')                    //确认删除
                    {   for(i=pos+1;i<*n;i++)
                                    userArray[i-1]=userArray[i];
                        *n=*n-1;
                        writeUserToFile(userArray,*n,"user.dat");
                        printUser(userArray,*n);
                        system("pause");
                    }
            else                                      //放弃删除
            {
                    printUser(userArray,*n);
                    system("pause");
            }
    }
    else
    {   printf("不能删除当前用户! \n");
        system("pause");
        return ;
    }
}
```

（4）显示图书功能。该功能与浏览用户功能的实现方法类似，采用分页方式显示图书信息，每页显示 10 条记录，通过↑、↓及 Esc 键进行显示控制，其界面设计如图 1-10-9 所示。

```
小型图书管理系统-->显示图书
--------------------------------------------------------------------------------
图书编号        图书名称              图书单价      图书状态
--------------------------------------------------------------------------------
   1          C语言程序设计            28.00         借出
   2          Java程序设计            35.00         借出
   3           数据结构              45.00         借出
   4          高级语言程序设计          32.00         借出
   5           大学英语              28.00         可用
   6           高等数学              20.00         可用
   7           线性代数              18.00         可用
   8          计算机组成原理           30.00         可用
   9          计算机网络             36.00         借出
  10           心理学               28.00         借出
--------------------------------------------------------------------------------
第1页，共18页，上一页（↑）　下一页（↓），Esc键结束显示
```

图 1-10-9　显示图书界面设计

可使用 printBook( )函数实现上述功能，其代码如下。

```
/*
    @函数名称：printBook
    @入口参数：book bookArray[], int bookTotal
    @函数功能：将图书信息显示在屏幕上
*/
void printBook(book bookArray[],int bookTotal)
{    int i,j,k,page=0,totalPage;
     unsigned short ch;

     if(bookTotal>0)
     {
         totalPage=(bookTotal)/10;                              //每页显示 10 条记录
         if(totalPage*10<bookTotal) totalPage++;        //计算总页数
         for(i=0;i<bookTotal;)
         {
             system("cls");
             page++;
             displayTopic("小型图书管理系统-->显示图书");
             printf("%8s%30s%10s%10s\n","图书编号","图书名称","图书单价","图书状态");
             for(k=0;k<80;k++)  putchar('-');
             printf("\n");

             for(j=0;j<10&&i<bookTotal;j++)
             {
                 printf("%8ld",bookArray[i].bookId);
                 printf("%30s",bookArray[i].name);
                 printf("%6.2f",bookArray[i].price);
                 printf("%10s\n",bookArray[i].status?"借出":"可用");
                     //0 表示可用，1 表示借出
                 i++;
             }
             for(k=0;k<80;k++)  putchar('-');
             printf("\n");
             printf("第%d页,共%d页,上一页(↑)　下一页(↓),Esc 键结束显示\n",page,totalPage);
             ch=getch();
             if(27==ch) return;
             if(0==ch||0xe0==ch) ch|=getch()<<8;        //非字符键
             if(0x48e0==ch)        //向上键（↑）
             {        i=i-j;
                      if(i>10)
                          { i=i-10; page-=2;}
```

```
                       else
                            {i=0; page=0;}
                  }
            }
            for(i=0;i<80;i++)  putchar('-');
            printf("\n");
            printf("共有记录%d 条\n",bookTotal);
      }
}
```

（5）批量添加图书功能。该功能用于从文本文件中读取图书名称和图书单价，并对图书进行自动编号。这里约定图书信息采用下面的格式存放在文本文件中，每行存储一本图书的名称和价格。

C 语言程序设计　　　　　28.00

该功能在程序运行时要求输入文件名称，若输入的文件不存在，则导入 0 条记录。在主教材提供的资源中，book01.txt 文件包含 11 条图书信息，若以该文件为数据源，则该功能的运行效果如图 1-10-10 所示。

```
小型图书管理系统-->批量添加图书
----------------------------------------------------------------------------
请输入要导入的文件名：[book01.txt ↙ ]
批量导入[11]本图书，库存书总数[189].
请按任意键继续…
```

图 1-10-10　批量添加图书功能的运行效果

可用 importBookFromFile( )函数实现上述功能，其代码如下。

```
/*
      @函数名称：importBookFromFile
      @入口参数：book bookArray[], int *n
      @函数功能：从文件批量导入图书信息
*/
void importBookFromFile(book bookArray[],int *n)
{
      FILE *fp1,*fp2;
      char file[20];
      int counter=0;
      system("cls");
      displayTopic("小型图书管理系统-->批量添加图书");
      printf("请输入要导入的文件名：[                ]\b\b\b\b\b\b\b\b\b\b\b\b\b\b");
      scanf("%s",file);
      fp1=fopen(file,"r");                    //打开要导入的文件
      fp2=fopen("book.dat","ab");             //打开图书数据文件
      if(fp1!=NULL&&fp2!=NULL)
      {
            if(*n<MAX_BOOK)
            {
                  while(!feof(fp1))
                  {
                        if(*n+counter==0)                         //自动进行图书编号
                              bookArray[*n+counter].bookId=1;
                        else
                              bookArray[*n+counter].bookId=bookArray[*n+counter-1].bookId+1;
                        fscanf(fp1,"%s",bookArray[*n+counter].name);    //读取图书名称
                        fscanf(fp1,"%f",&bookArray[*n+counter].price);        //读取图书单价
                        bookArray[*n+counter].status=0;          //新入库图书的状态为可用
                        counter++;
                        if (*n+counter>=MAX_BOOK)
                              break;
                  }
                  fwrite(bookArray+*n,sizeof(book),counter,fp2); //将新读取的图书写入图书文件
```

```
                *n+=counter;
                printf("批量导入[%d]本图书, 库存书总数[%d].\n",counter,*n);
                system("pause");
            }
            fclose(fp1);
            fclose(fp2);
        }
        else {
                printf("输入的文件有误, 导入失败! \n");
                system("pause");
        }
    }
```

（6）删除图书功能。该功能用于删除系统中的图书信息，当程序运行时，先显示图书信息，此时可浏览图书，若查询到需要删除的图书编号（或已知图书编号），则可按 Esc 键结束图书信息查询。

执行删除操作时，程序提示输入要删除的图书编号，若输入的图书编号存在，则程序询问用户是否执行删除操作，经用户确认删除后才能执行删除操作；当拟删除的图书处于借出状态时，则不能删除该图书。

删除操作可重复执行，直到输入的图书编号为"0"才结束删除过程。该功能的运行效果如图 1-10-11 所示。

```
小型图书管理系统-->删除图书
----------------------------------------------------------------
图书编号         图书名称           图书单价      图书状态
----------------------------------------------------------------
    1          C语言程序设计           28.00        借出
    2          Java程序设计           35.00        借出
    3           数据结构              45.00        借出
    4          高级语言程序设计         32.00        借出
    5           大学英语              28.00        可用
    6           高等数学              20.00        可用
    7           线性代数              18.00        可用
    8          计算机组成原理          30.00        可用
    9          计算机网络             36.00        借出
   10            心理学              28.00        借出
----------------------------------------------------------------
第1页, 共18页, 上一页（↑） 下一页（↓）, Esc键结束显示
请输入要删除的图书编号（直接输入0可返回）:
[7↙   ]
真的要删除吗?（y/n）y↙
请输入要删除的图书编号（直接输入0可返回）:
[0↙   ]
```

图 1-10-11　删除图书功能的运行效果

该功能的实现方法与删除用户功能的实现方法相似，这里不列出具体的代码，请参阅主教材源代码中 deleteBook( )函数的代码。

（7）初始化用户密码功能。在实际应用系统中，难免有用户忘记密码，因此，信息系统应该有找回密码或重置密码的功能。本案例允许系统管理员对用户密码进行重置，该功能的运行效果如图 1-10-12 所示。

该功能在程序运行时先显示用户信息，以便查询要初始化的用户账号，查询到后输入用户账号，系统检索该用户账号的信息，显示用户姓名，并提示是否确认初始化密码，经用户确认后，系统会将用户密码重置为初始密码 123456，并提示用户及时修改密码。

```
小型图书管理系统-->初始化用户密码
------------------------------------------------------------------------
  用户账号     姓名       院系        角色         E-mail     当前借书量
------------------------------------------------------------------------
  000794      ***      数学        教师                        0
  002160      ***      计算机       教师    jaq@****.edu.cn     0
------------------------------------------------------------------------
第2页，共2页，上一页（↑）  下一页（↓），Esc键结束显示
请输入用户账号：[002160↙    ]
揭安全，您好！
确认初始化（y/n）：[y↙]
揭安全：您的密码已初始化为123456，请及时修改密码！
请按任意键继续…
```

图 1-10-12 初始化用户密码功能的运行效果

可用 initPassWord( )函数实现上述功能，其代码如下。

```c
/*
        @函数名称：initPassWord
        @入口参数：user userArray[], int userTotal
        @函数功能：初始化用户密码
*/
void initPassWord(user userArray[],int userTotal)
{
    char ans,userId[LENGTH_OF_USERID+1];
    int pos;
    printf("请输入用户账号：[                ]\b\b\b\b\b\b\b\b\b\b\b\b");
    scanf("%s",userId);
    pos=userSearch(userArray,userTotal,userId);
    if(pos==-1)
    {        printf("用户不存在! \n");
            system("pause");
            return;
    }
    else
    {
            printf("%s, 您好! \n",userArray[pos].name);
            printf("确认初始化（y/n）:[   ]\b\b\b");
            scanf(" %c",&ans);
            if(ans=='Y'||ans=='y')
                {
                   strcpy(userArray[pos].password,"123456");
                   encryption(userArray[pos].password);
                   writeUserToFile(userArray,userTotal,"user.dat");
                   printf("%s: 您的密码已初始化为123456，请及时修改密码!\n\n",userArray[pos].name);
                   system("pause");
                }
            else
                   return ;
    }
}
```

（8）修改登录密码功能。该功能允许用户修改自己的登录密码，修改密码时用户先要输入原始密码，再输入新密码（需输入两次）。该功能的运行效果如图 1-10-13 所示。

```
小型图书管理系统-->修改登录密码
------------------------------------------------------------------------
原始密码：[******   ]
新设密码：[******   ]
再输一遍：[******   ]
密码修改成功！
请按任意键继续…
```

图 1-10-13 修改登录密码功能的运行效果

可用 modifyPassWord( )函数实现上述功能，其代码如下。

```c
/*
    @函数名称：modifyPassWord
    @入口参数：user userArray[], int userTotal, char userId[]
    @函数功能：修改登录密码
*/
void modifyPassWord(user userArray[],int userTotal,char userId[])
{
    int pos;
    char originalPassWord[LENGTH_OF_PASS+1];
    char password1[LENGTH_OF_PASS+1];
    char password2[LENGTH_OF_PASS+1];
    char password3[LENGTH_OF_PASS+1];
    pos=userSearch(userArray,userTotal,userId);
    strcpy(originalPassWord,userArray[pos].password);
    decryption(originalPassWord);
    system("cls");
    displayTopic("小型图书管理系统-->修改登录密码");
    printf("原始密码: [            ]\b\b\b\b\b\b\b\b\b\b\b\b");
    inputPassWord(password1,7);
    printf("新设密码: [            ]\b\b\b\b\b\b\b\b\b\b\b\b");
    inputPassWord(password2,7);
    printf("再输一遍: [            ]\b\b\b\b\b\b\b\b\b\b\b\b");
    inputPassWord(password3,7);
    if(strcmp(originalPassWord,password1)!=0)
        printf("原始密码有误! 修改失败。\n");
    else
        if(strcmp(password2,password3)!=0)
            printf("两次输入的密码不一致! 修改失败。\n");
        else   //密码修改成功
        {
            encryption(password2);
            strcpy(userArray[pos].password,password2);
            writeUserToFile(userArray,userTotal,"user.dat");
            printf("密码修改成功! \n");
        }
}
```

在实际的应用中，为提高系统的安全性，可以对用户的密码格式进行限定，如规定密码长度大于 6，且必须包含大写字母、特殊字符，不能使用连续重复字符等，有兴趣的读者可以尝试修改本函数来实现上述功能。

（9）系统备份功能。该功能用于对用户信息表、图书信息表、图书借阅信息表进行备份。为方便系统维护，系统备份的文件名采用自动命名方法，并融入系统时间和日期信息，例如，2022年 4 月 1 日执行系统备份，生成的备份文件信息如图 1-10-14 所示。

```
小型图书管理系统-->系统备份
------------------------------------------------------------------------
用户数据备份至：user_Fri Apr 01.dat
图书数据备份至：book_Fri Apr 01.dat
借书数据备份至：borrow_Fri Apr 01.dat
请按任意键继续…
```

图 1-10-14　系统备份功能的运行效果

这里用来备份用户信息表的函数是 backupUser( )，用来备份图书信息表的函数是 backupBook( )，用来备份图书借阅信息表的函数是 backupBorrow( )。这 3 个函数的实现方法类似，这里仅给出 backupUser( )函数的代码,如下所示。

```
/*
        @函数名称: backupUser
        @入口参数: user userArray[], int userTotal
        @函数功能: 备份用户信息表
*/
void backupUser(user userArray[],int userTotal)
{
        char filename[30]="user_";
        time_t t;
        time(&t);
        strcat(filename,ctime(&t));
        strcpy(filename+strlen(filename)-15,".dat");
        printf("用户数据备份至: %s\n",filename);
        writeUserToFile(userArray,userTotal,filename);
}
```

3. 图书管理员模块的功能设计与实现

图书管理员模块有图书查询、用户借书信息查询、借书、还书、按借书量排序、修改登录密码等功能,该模块的界面如图 1-10-15 所示。

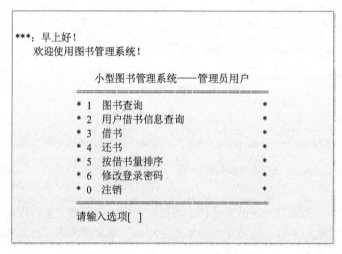

图 1-10-15　图书管理员模块的界面

下面重点介绍几个核心功能的实现方法。

(1)图书查询功能。该功能用于根据用户输入的图书名称进行模糊查询,显示满足条件的图书信息。该功能涉及的函数主要有 index( )和 showBookByName( )。例如,当输入的查询条件为"C 语言"(图书名称中包含"C 语言")时,图书查询界面及程序运行结果如图 1-10-16 和图 1-10-17 所示(该界面显示的内容与系统中存储的图书信息有关)。

```
小型图书管理系统-->图书查询
----------------------------------------------------------------
请输入要查询的图书名称关键字(输入all显示所有图书):
[C语言↙        ]
```

图 1-10-16　图书查询界面

```
小型图书管理系统-->显示图书
--------------------------------------------------------------------
图书编号            图书名称              图书单价      图书状态
--------------------------------------------------------------------
   1            C语言程序设计              28.00         借出
  12            C语言程序设计              28.00         借出
  43            算法：C语言实现            61.30         借出
  45          C语言项目案例分析            41.60         借出
  46          C语言函数参考手册            38.80         可用
  47          数据结构（C语言版）          36.00         可用
  76            21天学通C语言              55.40         可用
  80          C语言项目案例分析            41.60         可用
  81          C语言函数参考手册            38.80         可用
  82          数据结构（C语言版）          36.00         可用
--------------------------------------------------------------------
第1页，共3页，上一页（↑）  下一页（↓），Esc键结束显示
```

图 1-10-17　程序运行结果

实现上述功能的相关函数的代码如下。

```
/*
        @函数名称：index
        @入口参数：char t[], char s[]
        @函数功能：模式匹配，查找字符串 t 中字符串 s 出现的位置，若 t 不包含 s，则返回-1
*/
int index(char t[],char s[])
{    int i,k,j;
     int tLength=strlen(t),sLength=strlen(s);
     i=0;
     while(i<=tLength-sLength)
     {
         k=i;                            //模式匹配的起始位置
         j=0;
         while(s[j]&&t[i]==s[j])
         {
                 i++;
                 j++;
         }
         if(j==sLength) return k;        //查询成功
         i++;
     }
     return -1;                          //查询失败
}
/*
        @函数名称：showBookByName
        @入口参数：book bookArray[], int bookTotal
        @函数功能：根据图书名称进行模糊查询并显示查询的图书信息
*/
void showBookByName(book bookArray[],int bookTotal)
{    char name[30];
     book result[100];
     int i,counter=0;
     system("cls");
     displayTopic("小型图书管理系统-->图书查询");
     printf("请输入要查询的图书名称关键字（输入 all 显示所有图书）: \n");
     printf("[                  ]\b\b\b\b\b\b\b\b\b\b\b\b\b\b\b\b\b\b");
     scanf("%s",name);
     if(strcmp(name,"all")==0)
     {
             printBook(bookArray,bookTotal);
     }
```

```
        else
        {           for(i=0;i<bookTotal;i++)
                    {
                            if(index(bookArray[i].name,name)!=-1)         //模糊查询
                            result[counter++]=bookArray[i];
                    }
                    printBook(result,counter);
                    printf("共有满足条件的记录%d 项。\n",counter);              //输出查询结果
        }
    }
```

（2）用户借书信息查询功能。该功能用于根据用户账号来查询借书信息，程序执行结果如图 1-10-18 所示。

```
请输入用户账号：[002183↙    ]
用户信息：
 用户账号   姓名      院系     角色        E-mail                   当前借书量
--------------------------------------------------------------------------------
   002183   邹婕      体育     教师                                      4
借阅清单：
--------------------------------------------------------------------------------
图书编号          图书名称          借书日期                        应还日期
--------------------------------------------------------------------------------
   39             一网情深     2022年4月1日                  2022年6月1日
   22             杉杉来吃     2022年4月1日                  2022年6月1日
    8         计算机组成原理   2022年4月1日                  2022年6月1日
    3             数据结构     2022年4月1日                  2022年6月1日
--------------------------------------------------------------------------------
请按任意键继续…
```

图 1-10-18　程序执行结果

实现该功能的 showUserBorrowBook( )函数的代码如下。

```
    /*
            @函数名称：showUserBorrowBook
            @入口参数：user userArray[], int userTotal, book bookArray[], int bookTotal,
char userId[]
            @函数功能：根据用户账号查询并显示用户借阅的图书信息
    */
    void showUserBorrowBook(user userArray[],int userTotal,book bookArray[],int bookTotal,
char userId[])
    {
          borrowBook  borrowArray[2*MAX_BOOK];          //记录全部图书借阅信息
          borrowBook  userBorrow[MAX_BROW_BOOK];        //记录用户借阅图书信息
          int i,pos,counter=0,k;
          int borrowTotal;
          pos=userSearch(userArray,userTotal,userId);
          if(pos!=-1)
          {
              printf("用户信息：\n");
              printf("%12s%9s%15s%11s","用户账号","姓名","院系","角色");
              printf("%17s%11s\n","E-mail","当前借书量");
              for(i=0;i<80;i++)  putchar('-');
              printf("\n");
              if(userArray[pos].role!=0)
                  {
                        printf("%12s",userArray[pos].userId);     //用户账号
                        printf("%9s",userArray[pos].name);              //姓名
                        printf("%15s",getDepartment(userArray[pos].department));
                            //院系
                        printf("%11s",getRole(userArray[pos].role));        //角色
                        printf("%17s",userArray[pos].email);                //E-mail
```

```
                    printf("%11d\n",userArray[pos].count);                    //当前借书量
                }
        if(userArray[pos].count!=0)  //若当前借书量不为 0，在借书信息文件中查询借书信息
            {
                //从文件中读取全部用户的借书记录到数组中
                borrowTotal=readBorrowFromFile(borrowArray,"borrow.dat");
                for(i=0;i<borrowTotal;i++)                    //查找当前用户的当前借书记录
                {
                    if(strcmp(borrowArray[i].userId,userId)==0&&borrowArray[i].status!=3)
                        userBorrow[counter++]=borrowArray[i];
                }
                printf("借阅清单：\n");
                for(i=0;i<80;i++)
                        putchar('-');
                printf("\n");
                printf("%8s%26s%18s%18s\n","图书编号","图书名称","借书日期","应还日期");
                for(i=0;i<80;i++)  putchar('-');
                printf("\n");
                for(i=0;i<counter;i++)                    //显示借阅的图书信息
                {
                    printf("%8ld",userBorrow[i].bookId);            //输出图书编号
                    k=bookSearch(bookArray,bookTotal,userBorrow[i].bookId);
                    //根据图书编号查找书名
                    printf("%30s",bookArray[k].name);//输出书名
                    printf("%8d 年%-2d 月%-2d 日",userBorrow[i].borrowDay.year,
userBorrow[i].borrowDay.month,userBorrow[i].borrowDay.day);
                    printf("%8d 年%-2d 月%-2d 日",userBorrow[i].returnDay.year,
userBorrow[i].returnDay.month,userBorrow[i].returnDay.day);
                    printf("\n");
                }
                for(i=0;i<80;i++)  putchar('-');
                printf("\n");
            }
        }
        else printf("查无此人！\n");
}
```

该功能的实现涉及 3 个数据表的联合查询，函数中"pos=userSearch(userArray,userTotal,userId)"的作用是根据用户账号查询用户是否存在，若查询成功，则显示用户账号、姓名、院系、角色、E-mail 及当前借书量等信息；若该用户的当前借书量不为 0，则在借书信息表中查询该用户的所借书目，并逐一显示。

借书信息表中只记录图书编号，为了显示图书名称，还需根据图书编号在图书信息表中查询相应的图书名称。

（3）借书功能。该功能用于模拟真实借书流程，先输入用户账号，查询该用户被允许的借书余量，若用户的借书余量大于 0，则逐一读入其借阅的图书编号，若该图书允许借阅，则自动设置当天为借阅日期，并根据管理规定设置图书的应还日期。图 1-10-19 所示为 002183 教师借书的流程。

```
┌─────────────────────────────────────────────────────────┐
│ 小型图书管理系统-->借书                                      │
│ ----------------------------------------------------------- │
│ 请输入用户账号：[002183↙    ]                               │
│ Hello，邹婕，你还可以借6本书                                  │
│ 请输入图书编号，输入0结束：[40↙     ]                        │
│ 《人生，可以掌控》借阅成功                                    │
│ 请输入图书编号，输入0结束：[55↙     ]                        │
│ 《数学之美》借阅成功                                          │
│ 请输入图书编号，输入0结束：[0↙      ]                        │
└─────────────────────────────────────────────────────────┘
```

图 1-10-19　002183 教师借书的流程

借阅完毕后，显示该用户的当前借阅清单，如图 1-10-20 所示。

```
用户信息：
用户账号    姓名     院系     角色     E-mail          当前借书量
--------------------------------------------------------------------------
  002183    邹婕     体育     教师                         6
借阅清单：
--------------------------------------------------------------------------
图书编号      图书名称       借书日期              应还日期
--------------------------------------------------------------------------
   39        一网情深      2022年4月1日          2022年6月1日
   22        杉杉来吃      2022年4月1日          2022年6月1日
    8      计算机组成原理    2022年4月1日          2022年6月1日
    3        数据结构      2022年4月1日          2022年6月1日
   40       人生，可以掌控   2022年4月2日          2022年6月2日
   55        数学之美      2022年4月2日          2022年6月2日
--------------------------------------------------------------------------
亲，新借阅图书2本，祝学习愉快！请按期归还！
请按任意键继续…
```

图 1-10-20　借阅清单

可用 userBorrowBook( )函数实现上述功能，其代码如下。

```c
/*
        @函数名称：userBorrowBook
        @入口参数：user userArray[], int userTotal, book bookArray[], int bookTotal
        @函数功能：用户借书
*/
void userBorrowBook(user userArray[],int userTotal,book bookArray[],int bookTotal)
{
        char userId[LENGTH_OF_USERID+1];
        FILE *fp;
        long bookId;
        int pos1,pos2,flag=1;
        int counter,i=0;                                //当前允许的借书量
        borrowBook borrowBookArray[MAX_BROW_BOOK];      //暂存借书记录至缓冲区
        system("cls");
        displayTopic("小型图书管理系统-->借书");
        fp=fopen("borrow.dat","ab");                    //打开存放借书记录的文件
        if(fp==NULL)
        {
                printf("数据文件打开失败。\n");
                return;
        }
        do
        {
                printf("请输入用户账号：[                ]\b\b\b\b\b\b\b\b\b\b\b\b");
                scanf("%s",userId);
                pos1=userSearch(userArray,userTotal,userId);
                if(pos1==-1) printf("输入信息有误，请重输!\n");
        }while(pos1==-1);

        printf("Hello,%s, ",userArray[pos1].name);
        counter=MAX_BROW_BOOK-userArray[pos1].count;     //允许的借书量
        printf("你还可以借%d 本书\n",counter);
        while(counter>0&&flag==1)
        {
           printf("请输入图书编号，输入 0 结束：[            ]\b\b\b\b\b\b\b\b\b\b\b");
           do
             {
                scanf("%ld",&bookId);
                if(bookId==0) { flag=0;break;}
```

```
                    pos2=bookSearch(bookArray, bookTotal,bookId);
                    if(pos2==-1) printf("输入信息有误, 请重输!\n");
              }while(pos2==-1);                                    //检测图书编号是否有效
         if(flag==1)                                               //若图书编号有效
         {
                    if(bookArray[pos2].status==1)
                         printf("该书已借出, 请先还再借!\n");
                    else                                           //该书可用
                       {
                            bookArray[pos2].status=1;              //标记图书状态为借出
                            userArray[pos1].count++;               //修改用户借书信息
                            userArray[pos1].total++;
                            //生成借书日志
                            borrowBookArray[i].bookId=bookId;      //记录图书编号
                            strcpy(borrowBookArray[i].userId,userId);  //记录用户名
                            borrowBookArray[i].status=1;      //若为首次借阅, 借期为两个月
                            setTodayDate(&borrowBookArray[i].borrowDay); //设置借书日期
                            setTodayDate(&borrowBookArray[i].returnDay); //设置应还日期
                            setReturnDate(&borrowBookArray[i].returnDay,dayOfMonth(borrow
BookArray[i].returnDay.year,borrowBookArray[i].returnDay.month);    //加一个月
                            setReturnDate(&borrowBookArray[i].returnDay,dayOfMonth(
borrow BookArray[i].returnDay.year,borrowBookArray[i].returnDay.month));   //加一个月
                            i++;
                            counter--;
                            printf("《%s》借阅成功\n",bookArray[pos2].name);
                       }
              }
         }
         if(i>0)                                         //将缓冲区中的数据存入文件
         {
              fwrite(borrowBookArray,sizeof(borrowBook),i,fp);
              writeBookToFile(bookArray,bookTotal,"book.dat");
              writeUserToFile(userArray,userTotal,"user.dat");
         }
         fclose(fp);
         system("cls");
         showUserBorrowBook(userArray,userTotal,bookArray,bookTotal,userId);
         printf("亲, 新借阅图书%d 本, 祝学习愉快! 请按期归还! \n",i);
}
```

用来设置借书日期的功能是通过 setTodayDate( )函数实现的, 其代码如下。

```
/*
     @函数名称: setTodayDate
     @入口参数: date *p
     @函数功能: 设置借书日期为当前日期
*/
void setTodayDate(date *p)
{
     struct tm *t;
     time_t nowtime;
     time(&nowtime);
     t=localtime(&nowtime);
     p->year=(t->tm_year+1900);
     p->month=t->tm_mon+1;
     p->day=t->tm_mday;
}
```

用来设置应还日期的功能是通过 setReturnDate( )函数实现的, 其代码如下。

```
/*
     @函数名称: setReturnDate
     @入口参数: date *p, int day
     @函数功能: 设置应还日期
*/
void setReturnDate(date *p,int day)
{
     p->day=p->day+day;
```

```
        while(p->day>dayOfMonth(p->year,p->month))  //dayOfMonth()用于返回每个月的天数
        {
                p->day-=dayOfMonth(p->year,p->month);
                (p->month)++;
                if(p->month>12)
                {
                        p->month=p->month%12;
                        (p->year)++;
                }
        }
}
```

（4）还书功能。该功能用于模拟真实还书流程，先输入用户账号，界面中显示用户的借阅清单，若当前借阅清单不为空，则提示输入要归还的图书编号（输入 0 可结束还书操作）；程序根据图书编号查询相应借书记录，若查找成功，则将该书的状态设置为可用，并记录归还日期，同时将用户的当前借书量减 1，上述过程可重复进行。

还书操作结束后，界面中显示成功归还的图书数量，并显示用户新的借阅清单。图 1-10-21 所示为 002183 教师还书的流程。

```
小型图书管理系统-->还书
----------------------------------------------------------------
请输入用户帐号：[002183↙     ]
Hello，邹婕，用户信息：
用户账号    姓名      院系      角色      E-mail           当前借书量
----------------------------------------------------------------
  002183    邹婕      体育      教师                              6
借阅清单：
----------------------------------------------------------------
图书编号      图书名称        借书日期              应还日期
----------------------------------------------------------------
    39        一网情深    2022年4月1日        2022年6月1日
    22        杉杉来吃    2022年4月1日        2022年6月1日
    8       计算机组成原理  2022年4月1日        2022年6月1日
    3         数据结构    2022年4月1日        2022年6月1日
    40      人生，可以掌控  2022年4月2日        2022年6月2日
    55        数学之美    2022年4月2日        2022年6月2日
----------------------------------------------------------------
请输入图书编号（直接输入0可结束）：
[39↙     ]
Success…
请输入图书编号（直接输入0可结束）：
[22↙     ]
Success…
请输入图书编号（直接输入0可结束）：
[0↙      ]
共还2本书！
```

图 1-10-21　002183 教师还书的流程

可用 userReturnBook( )函数实现上述功能，其代码如下。

```
/*
        @函数名称：userReturnBook
        @入口参数：user userArray[], int userTotal, book bookArray[], int bookTotal
        @函数功能：用户还书
*/
void userReturnBook(user userArray[],int userTotal,book bookArray[],int bookTotal)
{
        char userId[LENGTH_OF_USERID+1];
        long bookId;
```

```
        int pos1,pos2,pos3;
        int counter=0;                              //当前允许的借书量
        borrowBook   borrowArray[2*MAX_BOOK];       //借书记录缓冲区
        int borrowTotal;
        system("cls");
        displayTopic("小型图书管理系统-->还书");
        printf("请输入用户账号: [              ]\b\b\b\b\b\b\b\b\b\b\b\b\b");
        scanf("%s",userId);
        pos1=userSearch(userArray,userTotal,userId);
        if(pos1==-1)
            {    printf("输入信息有误，请重输!\n");
                 return ;
            }
        printf("Hello, %s, ",userArray[pos1].name);     //显示用户姓名
        if(userArray[pos1].count==0)                    //若当前借书量为 0，则无须归还图书
        {
                printf("无图书需归还! \n");
                system("pause");
                return;
        }
        //显示已借出的书
        showUserBorrowBook(userArray,userTotal,bookArray,bookTotal,userId);
        //还书
        borrowTotal=readBorrowFromFile(borrowArray,"borrow.dat");
        do
        {
                printf("请输入图书编号（直接输入 0 可结束）:\n");
                printf("[              ]\b\b\b\b\b\b\b\b\b\b\b");
                scanf("%ld",&bookId);
                if(bookId==0)
                        break;
                pos3=borrowSearch(borrowArray,borrowTotal,bookId,userId);
                        //查询借书记录在数组中的位置
                if(pos3==-1)
                            printf("输入信息有误! \n");
                else
                {
                        borrowArray[pos3].status=3;        //设置当前图书为归还状态
                        setTodayDate(&borrowArray[pos3].realReturnDay); //设置归还日期
                        pos2=bookSearch(bookArray,bookTotal,bookId);
                        bookArray[pos2].status=0;          //设置当前图书为可用状态
                        userArray[pos1].count--;           //当前借书量减 1
                        printf("Success…\n");
                        counter++;
                }
        }while(userArray[pos1].count>0);        //最多还 count 本图书
        if(counter>0)
                    {    printf("共还%d本书!\n",counter);
                        writeBorrowBookToFile(borrowArray,borrowTotal,"borrow.dat");
                        writeBookToFile(bookArray,bookTotal,"book.dat");
                        writeUserToFile(userArray,userTotal,"user.dat");
                    }
        system("cls");
        //显示用户借阅清单
        showUserBorrowBook(userArray,userTotal,bookArray,bookTotal,userId);
}
```

上述代码中的 borrowSearch( )函数用于查询借书记录在数组中的位置，其代码如下。

```
/*
        @函数名称: borrowSearch
        @入口参数: borrowBook borrowArray[], int borrowTotal, long bookId, char userId[]
        @函数功能: 查询借书记录在数组中的位置
*/
int borrowSearch(borrowBook borrowArray[],int borrowTotal,long bookId,char userId[])
{       int i;
        i=borrowTotal-1;
```

```
    while(i>=0)
    {
        if(borrowArray[i].bookId==bookId&&strcmp(borrowArray[i].userId,userId)==0&&borrowArray[i].status!=3)
            break;
        i--;
    }
    return i;
}
```

（5）按借书量排序功能。该功能用于根据当前借书量对用户信息进行排序。这里采用简单选择排序法进行排序，在实际的应用中，可以采用快速排序等高效排序算法。程序运行效果如图 1-10-22 所示。在实际应用中，可以根据学生在校期间借书的总数对学生信息进行排序，评选出最爱阅读的学生。

小型图书管理系统-->按借书量排序

用户账号	姓名	院系	角色	E-mail	当前借书量
000794	***	数学	教师		6
002183	***	体育	教师		4
001071	***	计算机	教师		4
002160	***	计算机	教师	jaq@****.edu.cn	4
1107010201	***	化学	学生		2
1107010806	***	计算机	学生	like@***.com	1
lib02	***	图书馆	图书管理员		0
lib03	***	图书馆	图书管理员		0
lib04	***	图书馆	图书管理员		0
lib05	***	图书馆	图书管理员		0

第1页，共2页，上一页（↑） 下一页（↓），Esc键结束显示

图 1-10-22　程序运行效果

可用 userSortbyBorrowedBook( )函数实现这一功能，其代码如下。

```
/*
        @函数名称：userSortbyBorrowedBook
        @入口参数：user userArray[], int userTotal
        @函数功能：对用户信息按当前借书量进行递减排序
*/
void userSortbyBorrowedBook(user userArray[],int userTotal)
{
        int i,j,max;
        user t;
        for(i=0;i<userTotal-1;i++)                //简单选择排序法
        {
                max=i;
                for(j=i+1;j<userTotal;j++)
                        if(userArray[j].count>userArray[max].count)
                            max=j;
                if (max!=i)
                {
                        t=userArray[i];
                        userArray[i]=userArray[max];
                        userArray[max]=t;
                }
        }
}
```

4. 学生与教师模块的功能设计与实现

学生模块有图书查询、查询当前已借书目、续借、修改个人信息、修改登录密码等功能；教师模块相比学生模块，多了查询学生借书情况功能，如图 1-10-23 所示。这里大部分功能的实现

方法在前面已介绍，下面仅就续借和修改个人信息功能进行详细说明。

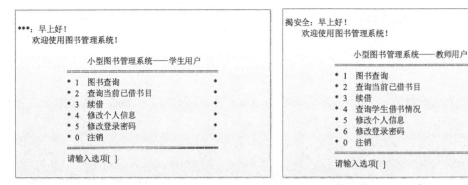

图 1-10-23　学生和教师模块的界面

（1）续借功能。这里约定用户可以自助续借一次，续借后图书应还日期延长一个月。若当前用户的借书量大于 0，则程序执行时先显示该用户的借阅清单，输入需要续借的图书编号即可完成续借；若该书已续借，则提示已续借一次，不能再续借。

续借完成后，显示用户新的借阅清单，该功能的运行效果如图 1-10-24 所示。

```
小型图书管理系统-->续借
------------------------------------------------------------
用户信息：
    用户账号      姓名      院系      角色      E-mail        当前借书量

    003233       王小明     计算机     教师                        4
借阅清单：
------------------------------------------------------------
图书编号         图书名称         借阅日期              应还日期
------------------------------------------------------------
    43          算法：C语言实现    2022年2月3日          2022年4月3日
    45        C语言项目案例分析    2022年2月3日          2022年4月3日
    50          算法导论          2022年2月3日          2022年4月3日
    65          神奇校车          2022年2月3日          2022年4月3日
------------------------------------------------------------
请输入图书编号（输入0可返回）：[50↙        ]
《算法导论》，续借成功！
请输入图书编号（输入0可返回）：[65↙        ]
《神奇校车》，续借成功！
请输入图书编号（输入0可返回）：[0↙        ]
```

图 1-10-24　续借功能的运行效果

可用 userRenewBook( )函数实现上述功能，其代码如下。

```
    /*
        @函数名称：userRenewBook
        @入口参数：user userArray[], int userTotal, book bookArray[], int bookTotal,
borrowBook borrowBookArray[], int borrowTotal,char userId[]
        @函数功能：续借图书
    */
    void  userRenewBook(user userArray[],int userTotal,book bookArray[],int bookTotal,
borrowBook borrowBookArray[],int borrowTotal,char userId[])
    {
        long bookId;
        int pos1,pos2,pos3;
        int count=0;
```

```
        pos1=userSearch(userArray,userTotal,userId);        //查询用户记录位置
        if(userArray[pos1].count==0)
        {
            printf("无书可续借!\n");
            return;
        }
        while(1)
        {
            printf("请输入图书编号（输入 0 可返回）：[                    ]\b\b\b\b\b\b\b\b\b\b\b");
            scanf("%ld",&bookId);
            if(bookId==0) break;
            pos2=bookSearch(bookArray,bookTotal,bookId);
            if(pos2==-1)
                printf("输入有误，请重输！\n");
            else
            {
                printf("《%s》, ",bookArray[pos2].name);        //输出书名
                pos3=borrowSearch(borrowBookArray,borrowTotal,bookId,userId);
                if(borrowBookArray[pos3].status==1)            //可续借
                {
                    borrowBookArray[pos3].status=2;           //2 表示处于续借状态
                    setReturnDate(&borrowBookArray[pos3].returnDay,dayOfMonth(borrow
BookArray[pos3].returnDay.year,borrowBookArray[pos3].returnDay.month));
                    //修改应还日期，使其延长一个月
                    printf("续借成功！\n");
                    count++;                    //续借成功的图书数加 1
                }
                else
                {
                    printf("已续借一次，不能再续借!\n");
                }
            }
        }
        if(count>0)
        {
            writeBorrowBookToFile(borrowBookArray,borrowTotal,"borrow.dat");  //存盘
        }
}
```

（2）修改个人信息功能。在本案例中，用户账号、姓名、院系、角色等关键信息都是由系统管理员在添加用户信息时录入的，不允许用户自己修改，而 E-mail 等个人信息则允许用户自行修改，该功能对应的界面如图 1-10-25 所示。

```
┌─────────────────────────────────────────────────────────────┐
│ 小型图书管理系统-->修改个人信息                                    │
│ ─────────────────────────────────────────────────────────   │
│  用户账号   姓名     院系     角色        E-mail    当前借书量    │
│ ─────────────────────────────────────────────────────────   │
│  003223    王小明   计算机   教师   wxq@***.com          4       │
│ ─────────────────────────────────────────────────────────   │
│ 若需修改E-Mail，请输入（直接按Enter键不修改）：[wxm@***.com↙  ]   │
└─────────────────────────────────────────────────────────────┘
```

图 1-10-25　修改个人信息界面

可用 modifyUserInfo( )函数实现上述功能，其代码如下。

```
/*
        @函数名称：modifyUserInfo
        @入口参数：user userArray[], int userTotal, char userId[]
        @函数功能：修改用户信息（E-mail）
*/
void  modifyUserInfo(user userArray[],int userTotal,char userId[])
{
        int pos,i;
```

```
char email[16];
pos=userSearch(userArray,userTotal,userId);
displayTopic("小型图书管理系统-->修改个人信息");
printf("%12s%9s%15s%11s","用户账号","姓名","院系","角色");
printf("%17s%11s\n","E-mail","当前借书量");
for(i=0;i<80;i++)  putchar('-');
         printf("\n");
printf("%12s",userArray[pos].userId);
printf("%9s",userArray[pos].name);
printf("%15s",getDepartment(userArray[pos].department));
printf("%11s",getRole(userArray[pos].role));
printf("%17s",userArray[pos].email);
printf("%11d\n",userArray[pos].count);
for(i=0;i<80;i++)  putchar('-');
printf("\n");
printf("若需修改 E-mail, 请输入（直接按 Enter 键不修改）");
printf(":[                    ]\b\b\b\b\b\b\b\b\b\b\b\b\b\b\b\b");
getchar();                                  //去除键盘缓冲区中的回车符
gets(email);
if(email[0]!='\0')
         {           strcpy(userArray[pos].email,email);
                     writeUserToFile(userArray,userTotal,"user.dat");    //存盘
         }
}
```

　　本案例只是尽可能真实地模拟实际应用场景，但与真实的应用场景还是有差距的，有兴趣的读者可以在此基础上进行补充完善。

　　读者可以在深入学习本案例的基础上，自选主题，全流程地进行需求分析、总体设计、详细设计、编码和测试等，通过编程实践提升综合应用所学知识进行问题求解的能力，并在这个过程中培养团队协作意识。

第 2 部分
上机实验指导

实验 1
熟悉 C 语言编程环境

一、实验目的

1. 能够自行安装 Code::Blocks 和 Visual C++等 C 语言集成开发软件。

2. 熟悉相关软件的使用方法，掌握程序从编辑、编译到运行的全过程，能够编写简单的 C 语言程序并编译运行。

3. 熟悉 Code::Blocks、Visual C++等集成开发软件的常用功能。

二、实验内容

1. Code::Blocks 的安装与使用

（1）访问 Code::Blocks 官方网站，下载 Code::Blocks（以下简称 CB）安装包，自行安装 CB。利用该软件，分别采用创建工程（Project）和单个 C 语言文件的方式编写输出"Hello World!"的程序，并编译运行。

【解析】访问 Code::Blocks 官方网站，选择"Downloads"选项，并选择"Download the binary release"选项，根据计算机的操作系统选择相应的版本，此处选择 Microsoft Windows 下的 codeblocks-20.03mingw-setup.exe，具体如图 2-1-1 和图 2-1-2 所示。下载完成后，以默认方式安装即可。程序默认安装路径为 C:\program Files\，在安装时，程序将自动创建 CodeBlocks 文件夹。

图 2-1-1　从 Code::Blocks 官方网站下载 CB 的界面 1

图 2-1-2　从 Code::Blocks 官方网站下载 CB 的界面 2

图 2-1-3　"Settings"→
"Editor"命令

主教材 1.5 节详细说明了使用 CB 进行 C 语言开发的步骤，请分别采用创建工程和单个 C 语言文件的方式编写输出"Hello World!"的程序，并编译运行，此处不再赘述。

（2）熟悉 CB 菜单，使用"Settings"→"Editor"命令对编辑器字体和字号进行个性化设置（如设置字体为 Constantia、字形为粗体、大小为 24）。

【解析】设置过程如图 2-1-3～图 2-1-5 所示。提示：在编辑状态下，按住 Ctrl 键的同时滚动鼠标滚轮可以调整字体大小。

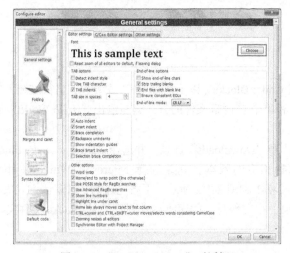

图 2-1-4　"Configure editor"对话框

图 2-1-5　"字体"对话框

（3）在"Settings"→"Compiler"→"Compiler settings"→"Toolchain executables"选项卡中查看编译器的安装位置。

【解析】通过"Settings"→"Compiler"→"Compiler settings"→"Toolchain executables"可以查看编译器的安装位置，如图 2-1-6 所示。采用默认方式安装时编译器的路径为 C:\Program Files\CodeBlocks\MinGW。若编译器位置不正确，可以单击"Auto-detect"按钮来自动搜索编译器安装路径。当编译器出现不能编译的情况时，可到此处查看编译器是否正确配置。

在 MinGW 文件夹中，bin 文件夹存放了编译、调试、链接等可执行文件；include 文件夹存放了系统库函数头文件（.h 文件）；lib 文件夹存放了链接库等，如图 2-1-7 所示。

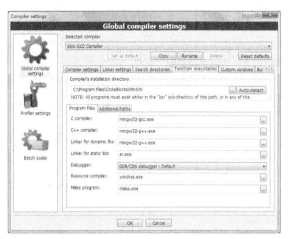

图 2-1-6　"Toolchain executables" 选项卡

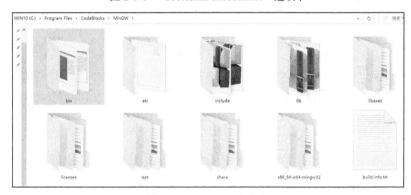

图 2-1-7　MinGW 文件夹

（4）熟悉 CB 中常用的操作组合键，熟练掌握和使用这些组合键可以有效提高编程效率，节约时间。

【解析】常用的操作组合键可分为编辑、编译与运行、界面等方面的组合键，下面给出部分常用的组合键及其说明。

- 编辑方面的组合键如下。

　　Ctrl＋A：全选　　Ctrl＋C：复制　　Ctrl＋X：剪切　　　Ctrl＋V：粘贴

　　Ctrl＋Z：撤销　　Ctrl＋S：保存　　Ctrl＋Y：重做

　　Ctrl+Shift+C：注释掉当前行或选中的语句块

　　Ctrl+Shift+X：解除注释　　　　　Tab：缩进当前行或选中的语句块

　　Shift+Tab：减少缩进　　　　　　Ctrl：按住 Ctrl 键的同时滚动鼠标滚轮可放大或缩小字体

- 编译与运行方面的组合键如下。

　　Ctrl＋F9：编译程序　　　　　　　Ctrl＋F10：运行上次成功编译的程序

　　Ctrl＋Shift＋F9：编译当前文件（而不是当前打开的项目）

　　F9：编译并运行当前程序（如果编译错误，系统会提示错误且不会运行程序）

　　Shift＋F11：全屏显示与否　　　　Ctrl＋C：终止正在运行的程序

- 界面方面的组合键如下。

　　Shift＋F2：打开或关闭左侧导航栏

2. Visual C++的安装与使用

（1）全国计算机等级考试二级 C 语言程序设计考试大纲（2022 版）规定该考试的开发环境为 Visual C++ 2010 学习版，请自行安装它，并在其中创建 C 语言程序以实现在屏幕上分行输出自己的学号、姓名和 E-mail。

【解析】运行 Visual Studio 2010 学习版安装程序，选择安装 Visual C++ 2010 学习版，如图 2-1-8 所示。在安装程序许可条款界面（见图 2-1-9）选中"我已阅读并接受许可条款"单选项，单击"下一步"按钮，在安装选项界面中选择要安装的可选产品，如图 2-1-10 所示。在图 2-1-11 所示的界面中选择软件安装位置（此处使用默认目标文件夹），单击"安装"按钮进行软件的安装。安装进度界面及安装完成界面分别如图 2-1-12 和图 2-1-13 所示。

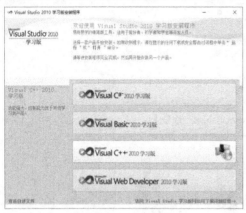

图 2-1-8　Visual Studio 2010 学习版安装界面

图 2-1-9　安装程序许可条款界面

图 2-1-10　选择要安装的可选产品

图 2-1-11　选择软件安装位置

图 2-1-12　安装进度界面

图 2-1-13　安装完成界面

（2）启动 Visual C++ 2010 学习版，其起始页中有"新建项目""打开项目"等选项，如图 2-1-14

所示。

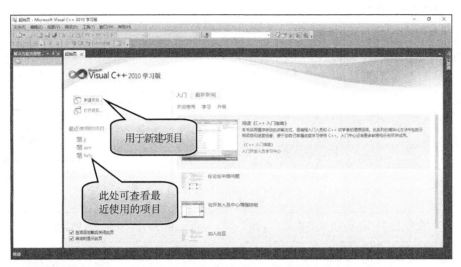

图 2-1-14　Visual C++ 2010 学习版起始页

　　选择"新建项目"选项，出现"新建项目"对话框，在对话框中选择"Win32 控制台应用程序"选项，并在下方的"名称"文本框中输入项目名称，此处创建的项目名称为"lab1-2"，存放位置为 D 盘的 c 文件夹下（项目名称和位置可以根据实际情况修改），如图 2-1-15 所示。单击"确定"按钮后，进入"欢迎使用 Win32 应用程序向导"界面，如图 2-1-16。

图 2-1-15　"新建项目"对话框中的设置

　　单击"下一步"按钮，并在"应用程序设置"界面中选中"**空项目**"复选框（见图 2-1-17），单击"完成"按钮，创建的名为 lab1-2 的空项目如图 2-1-18 所示。

　　（3）通过解决方案资源管理器可以查看项目的资源文件，通过"头文件"选项可查看程序引用的.h 头文件，通过"源文件"选项可查看本项目的源代码。此时，头文件、源文件均为空。

　　右击项目名，在弹出的快捷菜单中选择"属性"选项，在打开的对话框中选择"配置属性"→"常规"选项，然后将对话框右侧的"公共语言运行时支持"设置为"无公共语言运行时支持"，并单击"确定"按钮，如图 2-1-19 所示。

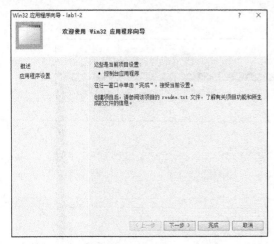

图 2-1-16 "欢迎使用 Win32 应用程序向导"界面　　　　图 2-1-17 "应用程序设置"界面

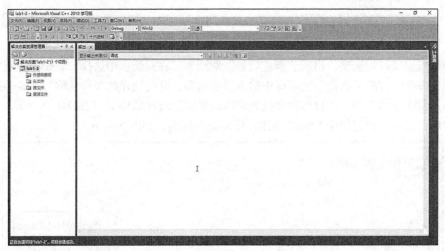

图 2-1-18　创建的 lab1-2 空项目

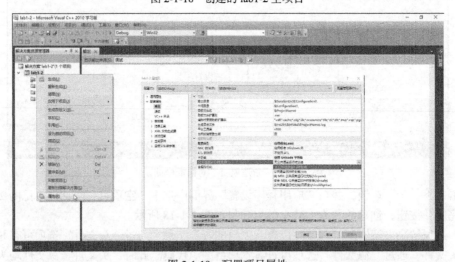

图 2-1-19　配置项目属性

右击项目中的"源文件"选项，在弹出的快捷菜单中选择"添加"→"新建项"选项，在打开的对话框中选择"C++件(.cpp)"选项，并在下方输入一个以.c 结尾的文件名（若不加扩展名.c，将创建以.cpp 为扩展名的源文件），然后单击"添加"按钮，就可为当前项目添加源文件，如图 2-1-20 所示。

图 2-1-20　为项目添加源文件

（4）在新添加的源文件中编写程序，根据本实验要求，输入以下代码。

```c
#include <stdio.h>
#include <stdlib.h>
int main()
{
    printf("学号: 9312028\n");
    printf("姓名: 揭安全\n");
    printf("E-mail: jieanquan@***.com\n");
    system("pause");
    return 0;
}
```

程序编写完成后，通过"调试"→"启动调试"命令（快捷键为 F5）可以调试运行程序。由于 Visual C++ 2010 在程序运行结束后会立即关闭控制台界面，为方便观察程序运行结果，可以在 main( ) 函数的 return 语句前加上"system("pause");"语句（使用 system( )函数需要在程序最前面加上"#include <stdlib.h>"），这样程序运行结束后需要按任意键才会关闭控制台界面，如图 2-1-21 所示。

图 2-1-21　根据需要改写主函数内容

如果程序无误，将在屏幕上输出如下结果。

学号：9312028
姓名：揭安全
E-mail：jieanquan@***.com 请按任意键继续…

数据类型、运算符与表达式

一、实验目的

1. 掌握标识符的定义规则。
2. 掌握各种数据类型及其使用方法。
3. 理解各种运算符的使用方法及其优先级，掌握算术表达式和赋值表达式的使用方法。
4. 理解编译错误提示信息的含义，掌握简单 C 语言程序的查错方法。

二、实验内容

1. 改正下面程序的错误，并调试运行。

```c
#include <stdio.h>
int main()
{       int x=23;
        float y=56.35;
        printf("x=%d\n",x);
        printf("y=%d\n",y);
}
```

【解析】程序倒数第二行中输出格式控制符使用错误。变量 y 的类型为浮点型，输出格式控制符应当使用%f。修改后的程序如下。

```c
#include <stdio.h>
int main()
{       int x=23;
        float y=56.35;
        printf("x=%d\n",x);
        printf("y=%f\n",y);        //修改处，将%d改为%f
}
```

程序运行结果如下。

```
x=23
y=56.349998
```

2. 调试下面的程序，分析程序的输出结果。

```c
#include <stdio.h>
int main()
{
        int   a=68,b=2;
```

```
        float   x=12.3,y=2.6;
        printf("%f\n",(float)(a*b)/2);
        printf("%d,%d\n",(int)x%(int)y,a-1);
}
```

【解析】(float)用于将表达式(a*b)的类型强制转换为 float，使用%f 对其进行格式控制，默认输出的小数位数保留 6 位，程序运行结果如下。

```
68.000000
0,67
```

3. 反序数就是将整数的数字倒过来后形成的整数，如 1234 的反序数是 4321。已知 a 为 4 位整数，编写程序求其反序数并存入变量 b 后输出。例如，a 的值为 1234，则应输出的 b 为 4321。

【解析】采用整除和求余运算，分离出整数的千位、百位、十位和个位数，再求出整数对应的反序数，参考程序如下（lab2_3.c）。

```
#include <stdio.h>
int main()
{
    int a=1234;
    int a4,a3,a2,a1,b;
    a4=a/1000;                  //千位数
    a3=a%1000/100;              //百位数
    a2=a%100/10;               //十位数
    a1=a%10;                   //个位数
    b=a1*1000+a2*100+a3*10+a4;  //计算 a 的反序数
    printf("a=%d\n",a);
    printf("其反序数是：%d\n",b);
    return 0;
}
```

4. 已知立方体的长、宽、高，编写程序计算立方体的体积和其中 3 个侧面的面积并输出。

【解析】定义变量 length、width、height，分别存储立方体的长、宽、高，定义变量 volume、area1、area2、area3，分别存储立方体的体积和其中 3 个侧面的面积。结合实际需求，这些变量的类型可定义为 double 或 float。参考程序如下（lab2_4.c）。

```
#include <stdio.h>
int main()
{
    double length,width,height;
    double volume,area1,area2,area3;
    length=10;
    width=20.6;
    height=30.5;
    volume=length*width*height;   //计算体积
    area1=length*width;           //计算侧面面积
    area2=length*height;
    area3=width*height;
    printf("立方体的体积是：%f\n",volume);
    printf("3 个侧面的面积分别是：%f,%f,%f\n",area1,area2,area3);
    return 0;
}
```

5. 在 CB 中创建一个项目，在 main( )函数中定义一些未初始化的变量，通过 CB 的单步调试功能观察变量的值，进一步熟悉 CB。

【解析】CB 带有一个名为 gdb 的调试器，该调试器的默认安装位置是 C:\Program Files\CodeBlocks\MinGW\bin\。若要在 CB 中进行单步调试，需要创建项目。此处创建名为 "lab2-5" 的项目，并在 main.c 中输入所需代码，在其中定义 a、b、c、d 这 4 个不同类型的变量，并通过赋值语句为这 4 个变量依次赋值，代码如下。

```
#include <stdio.h>
#include <stdlib.h>
```

```
int main()
{    int a;
     float b;
     char c;
     double d;
     a=1;
     b=2.5;
     c='A';
     d=3.14;
     return 0;
}
```

要调试程序，先要设置断点，断点的设置方法非常简单，只需要在 CB 编辑区左侧（行号处）单击（见图 2-2-1）即可完成断点设置。此时将出现一个红色实心点，即断点（单击断点，可取消断点设置），根据需要，可以在多个位置设置断点。

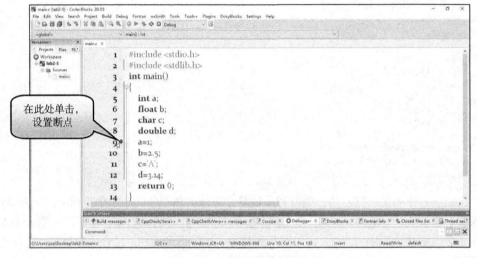

图 2-2-1　断点设置界面

为方便观察程序运行过程中内存变量的变化，可以选择 "Debug" → "Debugging windows" → "Watches" 命令，打开 "Watches" 对话框，该对话框用于显示当前正在执行的函数内部变量的情况，如图 2-2-2 所示。

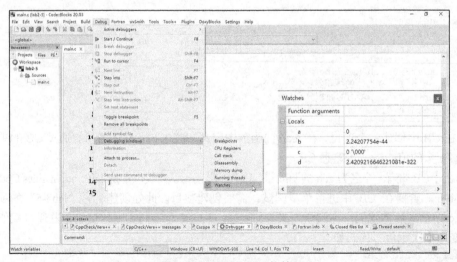

图 2-2-2　"Watches" 对话框

　　然后，通过"Debug"→"Start/Continue"命令（快捷键为 F8）启动调试功能，启动调试功能后，程序执行至断点处会自动停止，如图 2-2-3 所示，程序停在了第 9 行。从"Watches"对话框可见，main( )函数中定义的 4 个变量均未初始化，它们的值均是不确定的（可以称之为垃圾数）。

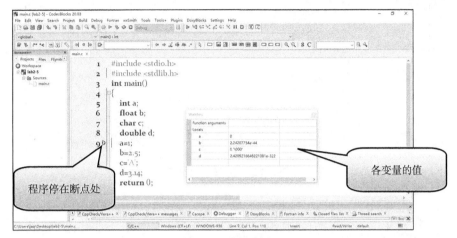

图 2-2-3　调试界面

　　此时，每按一次 F7 键，程序将单步执行一行，在图 2-2-4 中，单步执行至第 9 行后，变量 a 的值已经变成了 1。

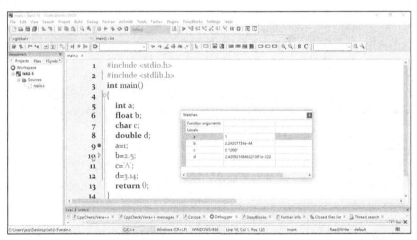

图 2-2-4　单步执行界面 1

　　可以用这种方式单步执行第 10～12 行的赋值语句，观察变量的变化情况，如图 2-2-5 所示。
　　当 main( )函数中所有的语句执行完后，系统分配给 main( )函数的变量被回收，如图 2-2-6 所示。gdb 调试器的功能非常强大，除了上述介绍的功能，还有"Run to cursor"（运行至光标，快捷键为 F4）、"Step into"（单步进入，组合键为 Shift+F7）、"Step out（单步退出，组合键为 Ctrl+F7）、"Stop debugger"（停止调试，组合键为 Shift+F8）等功能。熟练掌握调试技巧，将有助于提高程序查错效率。
　　需要注意的是，由于 CB 未汉化，在调试程序时，程序存放的文件夹及路径不能含中文。
　　6. 在 CB 中创建 C 语言源文件，输入图 2-2-7（a）所示的代码，并在第 7 行"x=x+1;"处设置断点；单步执行代码，观察执行"x=x+1;"语句前后变量 x 的值的变化情况，分析图 2-2-7（b）所示数据溢出情况产生的原因。

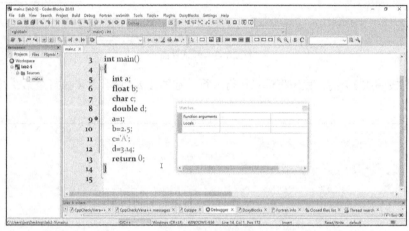

图 2-2-5　单步执行界面 2

图 2-2-6　单步执行界面 3

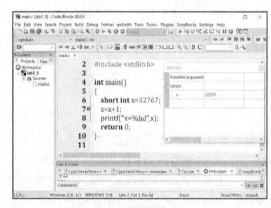

（a）设置断点　　　　　　　　　　　　　　（b）数据溢出情况

图 2-2-7　利用单步调试观察变量溢出情况

【解析】在 C 语言中，系统为 short int 类型的变量分配 2 字节。由于整型数据在机器内部采用补码存储，32767 对应的二进制补码为 0111 1111 1111 1111，执行加 1 操作后，其值变为 1000 0000 0000 0000，正好是十进制数-32768 对应的补码，这就是单步执行"x=x+1;"语句后"Watches"对话框中显示 x 为-32768 的原因。

实验 3
简单 C 语言程序设计

一、实验目的

1. 掌握基本输入、输出函数的使用方法。
2. 掌握简单的顺序程序设计方法。
3. 熟悉并掌握 C 语言的基本语法结构，进一步熟悉 C 语言开发工具的使用方法。

二、实验内容

1. 编程实现从键盘输入一个小写英文字母，将其转换为大写英文字母，并将转换后的大写英文字母及其十进制的 ASCII 值输出到屏幕上。

【解析】A 的 ASCII 值为 65，a 的 ASCII 值为 97，大写英文字母与小写英文字母的 ASCII 值相差 32。参考程序如下（lab3_1.c）。

```
int main()
{    char ch;
     printf("请输入一个小写英文字母：");
     ch=getchar();
     ch=ch-32;
     printf("该字母的大写形式及ASCII值分别是：");
     printf("%c,%d",ch,ch);
     return 0;
}
```

在本程序运行时，若输入"b"，则程序运行结果如下。

请输入一个小写英文字母：b↙
该字母的大写形式及 ASCII 值分别是：B,66

2. 完善实验 2 反序数程序，要求 a 为从键盘上输入的 4 位整数。

【解析】实验 2 反序数程序中变量 a 的值是通过赋值语句设置的固定值，此处采用 scanf( )函数从键盘输入一个 4 位整数。参考程序如下（lab3_2.c）。

```
#include <stdio.h>
int main()
{    int a;
     int a4,a3,a2,a1,b;
     printf("请输入一个大于等于1000且小于10000的整数：");
     scanf("%d",&a);
     a4=a/1000;                    //千位数
```

```
        a3=a%1000/100;              //百位数
        a2=a%100/10;                //十位数
        a1=a%10;                    //个位数
        b=a1*1000+a2*100+a3*10+a4;
        printf("%d 的反序数是: %d\n",a,b);
        return 0;
}
```

在本程序运行时，若输入"2048"，则程序运行结果如下。

请输入一个大于等于 1000 且小于 10000 的整数：2048↙
2048 的反序数是：8402

3．完善实验 2 的立方体程序，要求能够从键盘输入立方体的长、宽、高，并计算立方体的体积和 3 个侧面的面积并输出。

【解析】实验 2 立方体程序中立方体的长、宽、高都是固定值，此处采用 scanf( )函数从键盘输入立方体的长、宽、高，需要注意的是，由于变量的类型为 double，因此输入格式控制符应该采用%lf。参考程序如下（lab3_3.c）。

```
#include <stdio.h>
int main()
{   double length,width,height;
    double volume,area1,area2,area3;
    printf("请输入长方体的长、宽、高（例如10.5,20.1,30）:");
    scanf("%lf,%lf,%lf",&length,&width,&height);
    volume=length*width*height;              //计算体积
    area1=length*width;                      //计算 3 个侧面的面积
    area2=length*height;
    area3=width*height;
    printf("该立方体的体积是: %f\n",volume);
    printf("3 个侧面的面积分别是: %f,%f,%f\n",area1,area2,area3);
    return 0;
}
```

在本程序运行时，若输入"10,20,30"，则程序运行结果如下。

请输入长方体的长、宽、高（例如 10.5,20.1,30）：10,20,30↙
该立方体的体积是：6000.00
3 个侧面的面积分别是：200.00,300.00,600.00

4．已知华氏温度 f 与摄氏温度 c 的转换公式为 $c = \dfrac{5}{9}(f-32)$，请编写程序，实现从键盘上输入华氏温度，将其转换为对应的摄氏温度并输出。

【解析】这里需要注意的是，在 C 语言中，5/9 为整除，结果为 0，不能直接用 c=5/9*(f-32)来计算摄氏温度，正确的方法是用 c=5.0/9*(f-32)或 c=5*(f-32)/9。参考程序如下（lab3_4.c）。

```
#include <stdio.h>
int main()
{   float c,f;
    printf("请输入华氏温度: ");
    scanf("%f",&f);
    c=5.0/9*(f-32);
    printf("%.2f 华氏温度对应的摄氏温度是: %.2f\n",f,c);
    return 0;
}
```

在本程序运行时，若输入"100"，则程序运行结果如下。

请输入华氏温度：100↙
100.00 华氏温度对应的摄氏温度是：37.78

实验 **4**
程序基本控制结构

一、实验目的

1. 掌握分支程序设计的基本方法。
2. 掌握 for、while、do while 这 3 种循环控制语句的使用方法。
3. 掌握 break、continue 等程序控制语句的使用方法。
4. 熟练掌握多重循环程序的基本控制结构。
5. 学会迭代与穷举等循环程序设计方法,并能熟练用其解决实际问题。

二、实验内容

1. 请模仿主教材中例 4.4,编写一个猜生日游戏程序,该程序运行时会向用户显示 5 张数字卡片,并可以根据用户的回答猜出用户的生日是哪一天。

【解析】这里最大的数字为 31,5bit 二进制数能够表示的范围为 0~31。根据主教材中例 4.4 介绍的原理,这 5 张卡片上的数如下。

0#卡片					1#卡片					2#卡片					3#卡片					4#卡片			
1	3	5	7		2	3	6	7		4	5	6	7		8	9	10	11		16	17	18	19
9	11	13	15		10	11	14	15		12	13	14	15		12	13	14	15		20	21	22	23
17	19	21	23		18	19	22	23		20	21	22	23		24	25	26	27		24	25	26	27
25	27	29	31		26	27	30	31		28	29	30	31		28	29	30	31		28	29	30	31

参考程序如下(lab4_1.c)。

```c
#include <stdio.h>
int main()
{
    int date=0;
    char answer;

    printf("下列数字包括你的生日吗? \n");
    printf("1    3    5    7\n");
    printf("9    11   13   15\n");
    printf("17   19   21   23\n");
    printf("25   27   29   31\n");
    printf("请输入 N for No or Y for Yes:");
    scanf("%c",&answer);
```

```
        if(answer=='Y'||answer=='y')
            date=date+1;

    printf("下列数字包括你的生日吗? \n");
    printf("2    3    6    7\n");
    printf("10   11   14   15\n");
    printf("18   19   22   23\n");
    printf("26   27   30   31\n");
    printf("请输入 N for No or Y for Yes:");
    scanf(" %c",&answer);          //注意，%c 前有一个空格，下同
    if(answer=='Y'||answer=='y')
            date=date+2;

    printf("下列数字包括你的生日吗? \n");
    printf("4    5    6    7\n");
    printf("12   13   14   15\n");
    printf("20   21   22   23\n");
    printf("28   29   30   31\n");
    printf("请输入 N for No or Y for Yes:");
    scanf(" %c",&answer);
    if(answer=='Y'||answer=='y')
            date=date+4;

    printf("下列数字包括你的生日吗? \n");
    printf("8    9    10   11\n");
    printf("12   13   14   15\n");
    printf("24   25   26   27\n");
    printf("28   29   30   31\n");
    printf("请输入 N for No or Y for Yes:");
    scanf(" %c",&answer);
    if(answer=='Y'||answer=='y')
            date=date+8;

    printf("下列数字包括你的生日吗? \n");
    printf("16   17   18   19\n");
    printf("20   21   22   23\n");
    printf("24   25   26   27\n");
    printf("28   29   30   31\n");
    printf("请输入 N for No or Y for Yes:");
    scanf(" %c",&answer);
    if(answer=='Y'||answer=='y')
            date=date+16;

    printf("哈哈，我猜你的生日是: %d 日\n",date);

    return 0;
}
```

2. 编程实现输入 3 条边长，判断它们能否构成三角形，若能构成三角形，则进一步判断此三角形的类型。

【解析】各类三角形之间的关系如图 2-4-1 所示。

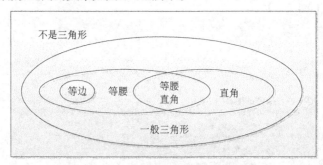

图 2-4-1　三角形之间的逻辑关系

根据上述逻辑关系，编写出本题的程序。需要说明的是，由于浮点数在计算机内部是以近似值存储的，因此程序在判断两个浮点数是否相等时，是通过比较两数的差的绝对值是否小于或等于近似 0 的数来实现的。参考程序如下（lab4_2.c）。

```
#include <stdio.h>
#include <math.h>
#define ZERO  1.0e-6                    //近似 0
int main()
{
    float a,b,c;
    int flag=1;
    printf("请输入三角形的 3 条边长（用逗号分隔）:\n");
    scanf("%f,%f,%f",&a,&b,&c);
    if(a+b>c&&b+c>a&&a+c>b)             //构成三角形基本条件的判断
    {
            if(fabs(a-b)<=ZERO&&fabs(b-c)<=ZERO&&fabs(c-a)<=ZERO)
            {
                printf("等边");
                flag=0;
            }
            else
                if(fabs(a-b)<=ZERO||fabs(b-c)<=ZERO||fabs(c-a)<=ZERO)
                {
                    printf("等腰");
                    flag=0;
                }
                if(fabs(a*a+b*b-c*c)<=ZERO||fabs(a*a+c*c-b*b)<=ZERO||fabs(c*c+b*b-a*a)<=ZERO)
                {
                    printf("直角");
                    flag=0;
                }
                if(flag==1)
                {
                    printf("一般");
                }
            printf("三角形");
    }
    else
        printf("不是三角形\n");
    return 0;
}
```

在本程序运行时，若输入"3,4,5"，则程序运行结果如下。

请输入三角形的 3 条边长（用逗号分隔）:
3,4,5↙
直角三角形

3. 编写一个程序，实现输入年和月后输出该月有多少天。

【解析】本题的程序采用 switch case 多分支语句来实现。当输入的月份为 2 月时，还需要判断当年是否为闰年。参考程序如下（lab4_3.c）。

```
#include <stdio.h>
int main()
{
    int year,month;
    printf("请输入年月（例如：2015-9）: ");
    scanf("%d-%d",&year,&month);
    switch(month)
    {
        case 1:case 3:case 5:case 7:case 8:case 10:case 12:
            printf("%d 年%d 月有 31 天\n",year,month);
```

```
                break;
     case 4:case 6:case 9:case 11:
                printf("%d年%d月有 30 天\n",year,month);
                break;
     case 2:
                if(year%4==0&&year%100!=0||year%400==0)
                    printf("%d年%d月有 29 天\n",year,month);
                else
                    printf("%d年%d月有 28 天\n",year,month);
                break;
     default:
                printf("输入的格式有误! \n");
     }
     return 0;
}
```

在本程序运行时，若输入"2008-2"，则程序运行结果如下。

请输入年月（例如：2015-9）：2008-2↙
2008 年 2 月有 29 天

4. 编写程序，实现从键盘输入一个无符号整数后输出它的各位数字之和。例如，输入"1476"，则输出 6+7+4+1=18。

【解析】可以用%u 控制无符号整数的输入，由于输入的数据位数不确定，因此需要通过循环依次分离出该数各权值位上的数，并将每次分离出来的数累加到指定的求和变量中。参考程序如下（lab4_4.c）。

```
#include <stdio.h>
int main()
{
    unsigned int a,b,sum=0;
    printf("请输入一个小于 65535 的正整数: ");
      scanf("%u",&a);
    while(a!=0)
    {
        b=a%10;
        sum=sum+b;
        a=a/10;
        printf("%u+",b);
    }
    printf("\b=%u\n",sum);   //\b 用于删除最后一次输出的 "+" 符号
    return 0;
}
```

在本程序运行时，若输入"54321"，则程序运行结果如下。

请输入一个小于 65535 的正整数：54321↙
1+2+3+4+5=15

5. 编写程序，求 1!+2!+3!+…+20!的值。

【解析】由于 1!+2!+3!+…+20!的值超出了整型变量的存储范围，因此用 double 类型的变量存储该值，在输出结果时输出 0 位小数即可。参考程序如下（lab4_5.c）。

```
#include <stdio.h>
int main()
{
    double sum=0,term=1;
    int i;
    for(i=1;i<=20;i++)
    {
        term=term*i;
        sum=sum+term;
```

```
    }
    printf("1!+2!+…+20!=%.0f",sum);
    return 0;
}
```

本程序的运行结果如下。

```
1!+2!+…+20!=2561327494111820300
```

6. 用迭代法求算术平方根（$x = \sqrt{a}$），已知求算术平方根的迭代运算公式如下。

$$x_{n+1} = \frac{1}{2}\left(x_n + \frac{a}{x_n}\right)$$

要求前后两项 x 的差的绝对值小于 10^{-5}。

【解析】在迭代过程中，由于事先不知迭代次数，因此可以采用 do while 循环控制语句实现迭代。参考程序如下（lab4_6.c）。

```
#include <stdio.h>
int main()
{
    double x1,x2,a;
    printf("请输入一个正数: ");
    scanf("%lf",&a);
    x2=a;
    do
    {
        x1=x2;
        x2=(x1+a/x1)/2;

    }while(fabs(x2-x1)>1.0e-5);
    printf("%f 的算术平方根是%f",a,x2);
    return 0;
}
```

在本程序运行时，若输入"360"，则程序运行结果如下。

```
请输入一个正数: 360↙
360.000000 的算术平方根是 18.973666
```

7. 舍罕王是古印度的国王，据说他十分好玩。宰相达依尔为讨好国王，发明了现今的国际象棋献给国王。舍罕王非常喜欢这项游戏，于是决定嘉奖达依尔，许诺可以满足达依尔提出的任何要求。达依尔指着舍罕王前面的棋盘提出了要求："陛下，请您按棋盘的格子赏赐我一点麦子吧，第 1 个小格赏我一粒麦子，第 2 个小格赏我两粒，第 3 个小格赏我四粒，以后每一小格都比前一小格的麦粒数增加一倍，只要把棋盘上的 64 个小格全部按这样的方法放满麦粒，我就心满意足了。"舍罕王听了达依尔的这个"小小"的要求，想都没想就答应了。

如果 1m³ 麦粒数约为 1.42×10⁸，国王能兑现他的承诺吗？试编程计算舍罕王共需要多少立方米麦子来赏赐达依尔。

【解析】根据题意，本题实际上是求 $\sum_{i=0}^{63} 2^i$ 的值，由于 2^i 的值增长非常快，会超出整型变量的存储范围，因此这里采用 double 类型的变量来存储该值。参考程序如下（lab4_7.c）。

```
#include <stdio.h>
#define N 1.42e8
int main()
{
    double sum=0,term=1,total;      //注意它们的初始值
    int i;
    for(i=0;i<=63;i++)
```

```
        {
                sum=sum+term;
                term=term*2;
        }
        total=sum/N;
        printf("国王共需要%f 立方米麦子来赏赐达依尔。\n",total);
        return 0;
}
```

本程序的运行结果如下。

> 国王共需要 129906648406.405290 立方米麦子来赏赐达依尔。

8. 利用泰勒级数 $e = 1 + \dfrac{1}{1!} + \dfrac{1}{2!} + \dfrac{1}{3!} + \cdots + \dfrac{1}{n!}$ 计算 e 的近似值。当最后一项的绝对值小于 10^{-5} 时，则认为它达到了精度要求，请统计此时总共累加了多少项。

【解析】本题可以采用迭代法求解，设置变量 term 表示每次累加求和的项，当前项与下一项的关系是 term=term/n，变量 n 从 1 开始按步长 1 依次递增。由于事先不知需要迭代的总次数，因此可用 while 语句进行循环控制，当 term<1.0e−5 时结束循环。参考程序如下（lab4_8.c）。

```
#include <stdio.h>
int main()
{
        double  e=1,term=1,n=1;
        int counter=1;
        while(term>=1.0e-5)
        {
                e=e+term;                      //将当前项累加求和
                n++;
                term=term/n;                   //求下一项
                counter++;
        }
        printf("e=%f\n",e);
        printf("共迭代了%d 次。\n",counter);
        return 0;
}
```

本程序的运行结果如下。

> e=2.718279
> 共迭代了 9 次。

9. 如果正整数 n 与它的反序数 m 同为素数，且 m 不等于 n，则称 n 和 m 是一对幻影素数。例如，107 与 701 是一对幻影素数。通过编程找出三位数中所有的幻影素数，并统计共有多少对。

【解析】本题可以采用穷举法求解，利用 for 循环对所有三位整数（101～999，包括 101 和 999）进行判断，如果某数与它的反序数同为素数，则输出这一对幻影素数。设置计数变量 counter，用于统计幻影素数的数量，它的初始值为 0，每输出一对幻影素数，counter 的值加 1，循环结束时，counter 的值即为输出的幻影素数的总对数。参考程序如下（lab4_9.c）。

```
#include <stdio.h>
#include <math.h>
int main()
{
    int m,n,a,b,c,i,k;
    int flag1,flag2,counter=0;
    for(m=101;m<1000;m=m+2)
    {
        k=(int)sqrt(m);
        flag1=1;
        for(i=2;i<=k&&flag1==1;i++)          //判断 m 是否为素数
                if(m%i==0) flag1=0;
```

```
            if(flag1==1)                                //若m为素数，则求其反序数
            {
                    a=m/100;
                    b=m/10%10;
                    c=m%10;
                    n=c*100+b*10+a;                //计算m的反序数
                    if(m<n)    flag2=1;            //m<n可避免输出"701,107"这种情况
                    else flag2=0;
                    k=(int)sqrt(n);
                    for(i=2;i<=k&&flag2==1;i++)   //判断n是否为素数
                            if(n%i==0) flag2=0;
                    if(flag2==1)
                            {          printf("%d,%d\n",m,n);
                                    counter++;
                            }
            }
    }
    printf("共输出了%d对幻影素数。\n",counter);
    return 0;
}
```

本程序的运行结果如下。

```
107,701
113,311
149,941
157,751
167,761
179,971
199,991
337,733
347,743
359,953
389,983
709,907
739,937
769,967
共输出了14对幻影素数。
```

10. 哥德巴赫猜想的内容是任何一个大于2的偶数都能表示成两个素数之和。哥德巴赫猜想的证明是一个世界性的数学难题，至今未能完全解决。我国著名数学家陈景润先生为哥德巴赫猜想的证明做出过杰出的贡献。

使用计算机可以很快地在一定范围内验证哥德巴赫猜想的正确性。请编写一个C语言程序，验证指定范围内哥德巴赫猜想的正确性，要验证的范围从键盘输入。

【解析】对输入区间内的所有偶数d通过循环逐一进行验证，验证时可采用穷举法，变量m的初始值为2，判断m与d−m是否同为素数，若是，则验证成功；若不是，则让m以1为步长，重复进行上述的判断，以此类推，直到验证成功为止。本题涉及3重循环，请根据程序注释认真阅读以下参考程序（lab4_10.c）。

```
#include <stdio.h>
#include <math.h>
int main()
{
    int low,high,m,n,i,k,d;
    int flag1,flag2;
    printf("请按下列格式输入一个整数区间（例如：20..80）: ");
    scanf("%d..%d",&low,&high);    //变量low与high存储要验证的区间上界与下界
    for(d=low;d<=high;d++)          //变量d表示当前要验证的数
```

```
            {
                if(d%2==1) continue;         //跳过奇数
                for(m=2;m<=d/2;m++)          //利用穷举法搜索
                {
                    //判断 m 是否为素数
                    k=(int)sqrt(m);
                    flag1=1;
                    for(i=2;i<=k&&flag1;i++)
                            if(m%i==0) flag1=0;
                    if(flag1==0)  continue;      //m 不是素数，判断下一个数
                    //判断 d-m 是否为素数
                    n=d-m;
                    k=(int)sqrt(n);
                    flag2=1;
                    for(i=2;i<=k&&flag2;i++)
                            if(n%i==0) flag2=0;
                    //若 m 与 d-m 均为素数，则输出 d,m,n
                    if(flag2==1)
                    {    printf("%d=%d+%d\n",d,m,n);
                         break;          //只要找到一种解就可以提前结束搜索
                    }
                }
            }
        return 0;
    }
```

在本程序运行时，若输入"200..220"，则程序运行结果如下。

```
请按下列格式输入一个整数区间（例如：20..80）：200..220↙
200=3+197
202=3+199
204=5+199
206=7+199
208=11+197
210=11+199
212=13+199
214=3+211
216=5+211
218=7+211
220=23+197
```

11. 编写程序，在屏幕上输出以下九九乘法表。

1	2	3	4	5	6	7	8	9
1	2	3	4	5	6	7	8	9
	4	6	8	10	12	14	16	18
		9	12	15	18	21	24	27
			16	20	24	28	32	36
				25	30	35	40	45
					36	42	48	54
						49	56	63
							64	72
								81

【解析】本题的程序可采用双重循环来实现，由于内外循环的次数均是确定的，因此适合采用 for 循环，通过输出每行的前导空格来实现输出格式。参考程序如下（lab4_11.c）。

```
#include <stdio.h>
int main()
{
    int i,j;
```

```
    for(i=1;i<=9;i++)                     //输出表头
          printf("%5d",i);
    printf("\n");
    for(i=1;i<=9;i++)                     //输出表头分隔线
          printf("-----");
    printf("\n");
    for(i=1;i<=9;i++)                     //共输出 9 行
    {
          for(j=1;j<i;j++)                //输出每行前的空格
                printf("%5c",' ');
          for(j=i;j<=9;j++)               //输出每行的乘法表
                printf("%5d",i*j);
          printf("\n");                   //换行
    }
    return 0;
}
```

12. 编写循环程序，分别在屏幕中央输出以下图形。

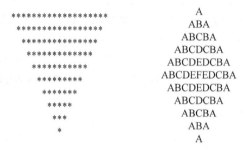

【解析】两个图形均可采用双重循环来实现，内外循环的次数是确定的，因此适合采用 for 循环，程序的关键是通过输出每行的前导空格来实现输出格式。输出第一个图形的参考程序如下（lab4_12_1.c）。

```
#include <stdio.h>
int main()
{
    int i,j;
    for(i=10;i>=1;i--)
    {
          for(j=1;j<40-i;j++)             //输出本行的前导空格
                printf(" ");
          for(j=1;j<=2*i-1;j++)           //输出本行的"*"符号
                printf("*");
          printf("\n");
    }
    return 0;
}
```

输出第二个图形的参考程序如下（lab4_12_2.c）。

```
#include <stdio.h>
int main()
{
    char ch;
    int i,j;
    for(i=1;i<=6;i++)                     //输出图形上半部分
    {
          ch='A';
          for(j=1;j<40-i;j++)
                printf(" ");              //输出本行的前导空格
          for(j=1;j<=i;j++)
                printf("%c",ch++);
          ch-=2;
          for(j=1;j<i;j++)
                printf("%c",ch--);
```

```
                printf("\n");
        }
        for(i=5;i>=1;i--)                    //输出图形下半部分
        {
            ch='A';
            for(j=1;j<40-i;j++)
                    printf(" ");             //输出本行的前导空格
            for(j=1;j<=i;j++)
                    printf("%c",ch++);
            ch-=2;                           //思考为何要将 ch 减 2
            for(j=1;j<i;j++)
                    printf("%c",ch--);
            printf("\n");
        }
        return 0;
    }
```

13. 编写程序，求两个正整数的最大公约数。

【解析】最大公约数是指两个数的公因数中最大的那一个。欧几里得（Euclid）算法是求解两个正整数最大公约数的一种有效方法，又称辗转相除法。设 GCD(a,b)表示 *a* 与 *b* 的最大公约数，辗转相除法的基本原理可描述为：若 *b* 是 0，则最大公约数是 *a* 的值；否则计算 *a* 除以 *b* 的余数 *r*，把 *b* 保存到 *a* 中，并把余数 *r* 保存到 *b* 中，重复上述过程，直到 *b* 为 0，此时 *a* 的值即为最大公约数。在编程实现时可增加容错处理，即通过 do while 循环确保输入的两个数据为正整数。参考程序如下（lab4_13.c）。

```
#include <stdio.h>
int main()
{
    int a,b,r;
    do
    {
            printf("请输入两个正整数：（例如：24,16）\n");
            scanf("%d,%d",&a,&b);
    }while(a<0||b<0);                        //若输入负数，则重新输入

    printf("GCD(%d,%d)=",a,b);
    while(b!=0)                              //利用辗转相除法求最大公约数
    {
        r=a%b;
        a=b;
        b=r;
    }
    printf("%d",a);
    return 0;
}
```

程序运行时的一组测试情况如下。

```
请输入两个正整数：（例如：24,16）
-6,50✓
请输入两个正整数：（例如：24,16）
40,-20✓
请输入两个正整数：（例如：24,16）
16,24✓
GCD(16,24)=8
```

14.《张丘建算经》一书中有一个著名的数学问题，即"百钱买百鸡"问题，该问题叙述如下：鸡翁一，值钱五；鸡母一，值钱三；鸡雏三，值钱一；百钱买百鸡，则翁、母、雏各几何？请编写 C 语言程序，解决"百钱买百鸡"问题。

【解析】本题可采用穷举法求解，鸡翁数量的取值范围为 1～20，鸡母数量的取值范围为 1～33，

采用双重循环来求解。参考程序如下（lab4_14.c）。

```c
#include <stdio.h>
int main()
{
    int x,y,z;          //分别代表鸡翁、鸡母和鸡雏的数量
    printf("鸡翁\t鸡母\t鸡雏\n");
    for(x=1;x<=20;x++)
    {
        for(y=1;y<=33;y++)
        {
            z=100-x-y;
            if(x*5+y*3+z/3==100&&z%3==0)
                printf("%d\t%d\t%d\n",x,y,z);
        }
    }
    return 0;
}
```

程序运行结果如下。

```
鸡翁     鸡母     鸡雏
4        18       78
8        11       81
12       4        84
```

15. 有红、黄、绿 3 种颜色的球，其中红球 3 个、黄球 3 个、绿球 6 个。现将这 12 个球混放在一个盒子中，从中任意摸出 8 个球，编程计算摸出的球的各种颜色搭配。

【解析】这涉及排列组合。从 12 个球中任意摸出 8 个球，求可能的颜色搭配。解决这类问题的一种比较简单直观的方法是穷举法，在可能的解空间中找出所有的搭配，然后根据约束条件加以排除，最终筛选出正确的答案。

对本题而言，由于是任意地从 12 个球中摸出 8 个球，是随机事件，因此每种颜色的球被摸出的可能的个数如表 2-4-1 所示。

表 2-4-1　　　　　　　　　　　　每种颜色的球被摸出的可能的个数

红球	黄球	绿球
0，1，2，3	0，1，2，3	2，3，4，5，6

由于红球和黄球都只有 3 个，且共需摸出 8 个球，所以摸出的绿球的个数至少为两个。下面就要在表 2-4-1 划定的可能解空间的范围内寻找答案。如果将红、黄、绿 3 色球可能被摸出的个数排列组合到一起构成解空间，那么解空间的大小为 4×4×5=80，即 80 种颜色搭配组合。但是在这 80 种颜色搭配组合中，只有满足红球数+黄球数+绿球数=8 的组合才是正确的答案。参考程序如下（lab4_15.c）。

```c
#include <stdio.h>
int main()
{
    int i,j,k;
    printf("红\t黄\t绿\n");
    for(i=0;i<=3;i++)
        for(j=0;j<=3;j++)
            for(k=2;k<=6;k++)
            {
                if(i+j+k==8)          //共 8 个球
                    printf("%d\t%d\t%d\n",i,j,k);
            }
    return 0;
}
```

程序运行结果如下。

```
红        黄        绿
0        2        6
0        3        5
1        1        6
1        2        5
1        3        4
2        0        6
2        1        5
2        2        4
2        3        3
3        0        5
3        1        4
3        2        3
3        3        2
```

16. 有 21 根火柴，两个人轮流取，每人每次可以取走 1～4 根火柴，不可多取，也不能不取，谁取最后一根火柴谁输。请编写一个程序进行人机对弈，要求人先取，计算机后取，让计算机成为"常胜将军"。

【解析】可以这样思考这个问题：要想让计算机是"常胜将军"，也就是要让人取到最后一根火柴。这样只有一种可能，那就是让计算机取完后只剩下一根火柴，因为此时人至少要取一根火柴，别的情况都不可能保证计算机常胜。

于是问题转化为"有 20 根火柴，人机轮流取，且每次可以取走 1～4 根，不可多取，也不能不取，要求人先取，计算机后取，谁取最后一根火柴谁赢"。为了让计算机取到最后一根火柴，就要保证在最后一轮抽取（人先取一次，计算机再取一次）之前剩下的 5 根火柴。因为只有这样，无论人怎样取火柴，计算机都能将其余的火柴全部取走。

于是问题又转化为"15 根火柴，人机轮流取，且每次可以取走 1～4 根，不可多取，也不能不取，要求人先取，计算机后取，保证计算机取到最后一根火柴"。同样道理，为了让计算机取到最后一根火柴，就要保证在最后一轮抽取（人先取一次，计算机再取一次）之前剩下的 5 根火柴。

于是问题又转化为 10 根火柴的问题，以此类推。

最后可以得出这样的结论：21 根火柴，在人先取，计算机后取，每次取 1～4 根的前提下，只要保证在每一轮的抽取（人先取一次，计算机再取一次）中，人抽到的火柴数与计算机抽到的火柴数之和为 5 就可以实现计算机的常胜不败。参考程序如下（lab4_16.c）。

```c
#include <stdio.h>
int main()
{
    int computer,people,spare=21;
    printf("------------------------------------\n");
    printf("--------你不能战胜我，不信试试--------\n");
    printf("------------------------------------\n");
    printf("游戏开始：\n\n");
    while(1)
    {
        printf("-----------目前还有火柴%2d 根----------\n",spare);
        printf("People: ");
        scanf("%d",&people);
        if(people<1||people>4||people>spare)
        {
            printf("你违规了，你取的火柴数有问题！\n\n");
            continue;
```

```
        }
        spare=spare-people;
        if(spare==0)
        {
            printf("\nComputer win!Game over!\n");
            break;
        }
        computer=5-people;
        spare=spare-computer;
        printf("Computer: %d\n",computer);
        if(spare==0)
        {
            printf("\nPeople win!Game over!\n");
            break;
        }
    }
    return 0;
}
```

运行程序，一种测试情况如下。

------你不能战胜我，不信试试--------

游戏开始：

----------目前还有火柴 21 根----------

People：3✓

Computer：2

----------目前还有火柴 16 根----------

People：2✓

Computer：3

----------目前还有火柴 11 根----------

People：4✓

Computer：1

----------目前还有火柴 6 根----------

People：3✓

Computer：2

----------目前还有火柴 1 根----------

People：1✓

Computer win! Game over!

一、实验目的

1. 熟练掌握函数的定义和调用方法。
2. 掌握函数的实参、形参和返回值的概念及使用方法。
3. 掌握局部变量与全局变量在函数中的运行。
4. 掌握递归函数的编写与调用方法。
5. 学会利用函数进行模块化程序设计。
6. 学会利用函数优化程序结构，实现程序复用。

二、实验内容

1. 编写函数 int sum(int n)，将 1+2+3+…+n 的值作为该函数的返回值，并编写 main( )函数进行测试。

【解析】int sum(int n)的形式参数为整数 n，函数返回值为 $\sum_{i=1}^{n} i$ ，可以采用 for 循环进行累加求和。参考程序如下（lab5_1.c）。

```c
#include <stdio.h>
/*
    @函数名称: sum
    @入口参数: int n
    @函数功能: 求 1~n 的和
*/
int sum(int n)
{
    int s=0,i;
    for(i=1;i<=n;i++)
            s=s+i;
    return s;
}
int main()
{
    int s,n;
    printf("请输入一个正整数: ");
    scanf("%d",&n);
    s=sum(n);
```

```
        printf("1~%d 的和是%d\n",n,s);
        return 0;
}
```

在程序运行时，若输入"100"，则程序运行结果如下。

```
请输入一个正整数：100↙
1~100 的和是 5050
```

2. 设计函数 bool isSxh(int n)来判断整数 n 是否是水仙花数，若是则返回 true，否则返回 false。编写 main( )函数输出所有的水仙花数。

【解析】stdbool.h 头文件中定义了 bool 类型，true 表示真，false 表示假，参考程序如下（lab5_2.c）。

```
#include <stdio.h>
#include <stdbool.h>
/*
        @函数名称：isSxh
        @入口参数：int n
        @函数功能：判断整数 n 是否为水仙花数，若是则返回 true，否则返回 false
*/
bool isSxh(int n)
{
        int a,b,c;
        a=n/100;              //百位数
        b=n/10%10;            //十位数
        c=n%10;              //个位数
        if(a*a*a+b*b*b+c*c*c==n)
                return true;
        else
                return false;
}
int main()
{
        int n;
        printf("水仙花数有：\n");
        for(n=100;n<1000;n++)
                if(isSxh(n))        //n 是水仙花数则输出 n
                        printf("%d\n",n);
        return 0;
}
```

程序的动行结果如下。

```
水仙花数有：
153
370
371
407
```

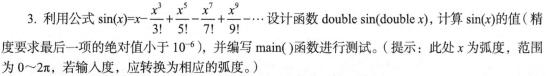

3. 利用公式 $\sin(x)=x-\dfrac{x^3}{3!}+\dfrac{x^5}{5!}-\dfrac{x^7}{7!}+\dfrac{x^9}{9!}-\cdots$ 设计函数 double sin(double x)，计算 $\sin(x)$ 的值（精度要求最后一项的绝对值小于 10^{-6}），并编写 main( )函数进行测试。（提示：此处 x 为弧度，范围为 $0\sim2\pi$，若输入度，应转换为相应的弧度。）

【解析】根据用户习惯，程序可接收用户输入的度，计算时将度转换为相应的弧度。需要说明的是，对于公式本身，弧度 x 是没有范围限制的，但 double 型变量能够存储的有效位数只有 15 位，若 x 过大，则在计算过程中会产生计算误差。参考程序如下（lab5_3.c）。

```
#include <stdio.h>
#define  PI  3.1415926
/*
        @函数名称：sin
        @入口参数：double  x
```

```
        @函数功能: 函数返回 x 的正弦值
*/
double sin(double x)
{
    double s=0,term=x;
    int sign=1;
    int n=1;
    do
    {
        s=s+sign*term;
        sign=-sign;
        n=n+2;
        term=term*x*x/n/(n-1);
    }while(term>=1.0e-6);
    return s;
}
int main()
{
    double x;
    printf("请输入一个度: ");
    scanf("%lf",&x);
    printf("sin(%f)=%.2f\n",x,sin(x/180*PI));
    return 0;
}
```

在程序执行时, 若输入 "90", 则程序运行结果如下。

> 请输入一个度: 90✓
> sin(90.000000)=1.00

4. 利用公式 $C_m^n = \dfrac{m!}{n!(m-n)!}$ 设计相关函数, 求从 m 个元素中取 n 个构成的组合数, 并编写 main( )函数进行测试。

【解析】可以定义 long fact(int n)函数, 计算 n!, 再利用该函数计算组合数。若需要更大的精度范围, 可以将函数返回值类型定义为 double。参考程序如下 (lab5_4.c)。

```
#include <stdio.h>
/*
        @函数名称: fact
        @函数功能: 求 n!的值
*/
long fact(int n)
{
    long p=1,i;
    for(i=1;i<=n;i++)
        p=p*i;
    return p;
}
/*
        @函数名称: c
        @函数功能: 求组合数
*/
long c(int m,int n)
{
    return fact(m)/(fact(n)*(fact(m-n)));
}
int main()
{
    int m,n,temp;
    printf("计算组合数 C(m,n), 请分别输入正整数 m 和 n (例如: 6,5): ");
    scanf("%d,%d",&m,&n);
    if(m<n)
    {
        temp=m;m=n;n=temp;
```

```
        }
        printf("C(%d,%d)=%ld\n",m,n,c(m,n));
        return 0;
}
```

在程序执行时，若输入"6,3"，则程序运行结果如下。

> 计算组合数 C(m,n)，请分别输入正整数 m 和 n（例如：6,5）：6,3↙
> C(6,3)=20

5．分别利用非递归与递归方法在屏幕上按以下规律输出 *n* 行由 "*" 构成的三角形（此处 *n* 为 6），并编写 main( )函数进行测试。

```
***********
 *********
  *******
   *****
    ***
     *
```

【解析】采用非递归方法，可用 for 循环重复输出 *n* 行，根据该三角形的形状，for 循环可采用倒计数法，步长为–1。递归实现时，先输出第一行，再递归输出 *n*–1 行。采用非递归方式实现的参考程序如下（lab5_5_1.c、lab5_5_2.c）。

```
#include <stdio.h>
/*
    @函数名称: print
    @入口参数: int n
    @函数功能: 采用非递归法输出 n 行*
*/
void print(int n)                        //非递归实现
{
    int i,j;
    for(i=n;i>=1;i--)
    {
        for(j=1;j<=40-i;j++)             //输出当前行前导空格
                printf(" ");
        for(j=1;j<=2*i-1;j++)            //输出当前行的*
                printf("*");
        printf("\n");                    //换行
    }
}
int main()
{
    int n;
    printf("请输入要输出的图形行数: ");
    scanf("%d",&n);
    print(n);
    return 0;
}
```

采用递归方式实现的参考代码段如下。

```
/*
    @函数名称: print
    @入口参数: int n
    @函数功能: 采用递归法输出 n 行*
*/
void print(int n)                        //递归实现
{
    int i,j;
    if(n>=1)
    {
        for(j=1;j<=40-n;j++)             //输出第一行前导空格
```

```
                            printf(" ");
            for(j=1;j<=2*n-1;j++)                //输出第一行*
                    printf("*");
            printf("\n");                         //换行
            print(n-1);                           //递归输出 n-1 行*
    }
}
```

在程序执行时，若输入"6"，则程序运行结果如下。

```
请输入要输出的图形行数：6↙
        ***********
         *********
          *******
           *****
            ***
             *
```

6. 假如楼梯有 *n* 级台阶，规定每步可以跨一级台阶或者两级台阶，请问走完这 *n* 级台阶共有多少种走法？试采用递归程序进行求解。

【解析】定义 $f(n)$ 表示 n 级台阶的走法，当 n 等于 1 时，只有一种走法，因此 $f(1)=1$；当 n 等于 2 时，可以每次走一步，也可以一次走两步，因此 $f(2)=2$；当 n>2 时，可以分两种况，第一步走一个台阶，则剩余 n-1 个台阶，可表示为 $f(n-1)$，或第一步走两个台阶，则剩余 n-2 个台阶，可表示为 $f(n-2)$，即 $f(n)=f(n-1)+f(n-2)$。因此，该问题实际上是斐波那契数列问题，参考程序如下（lab5_6.c）。

```
#include <stdio.h>
/*
    @函数名称: f
    @入口参数: int n
    @函数功能: 求斐波那契数列的值
*/
long f(int n)
{
    if(n==1) return 1;
        else if(n==2) return 2;
                else return f(n-1)+f(n-2);
}
int main()
{
    int n;
    long total;
    printf("请输入台阶数: ");
    scanf("%d",&n);
    total=f(n);
    printf("共有%ld种走法。\n",total);
    return 0;
}
```

在程序执行时，若输入"6"，则程序运行结果如下。

```
请输入台阶数：6↙
共有 13 种走法。
```

7. 请将主教材例 5.16 中的 procDivision( )和 procMultiplication( )函数补充完整，使其满足模块的功能需求。

【解析】在设计除法函数 procDivision( )时，为保证产生的数能够整除，可以随机产生除数与商，再计算出它们的乘积，把乘积当被除数。参考程序如下（lab5_7.c）。

```
/*
    @函数名称: procMultiplication
    @入口参数: 整型变量 n，整型变量 chance
```

```
        @出口参数：无
        @函数功能：产生 n 道乘法题供用户解答，每道题提供 chance 次答题机会
*/
void procMultiplication(int n,int chance)
{
    int a,b,s,c,i;
    int ansCounter=0;                        //答题次数计数器
    int flag;
    srand(time(NULL));
    for(i=1;i<=n;i++)
    {    ansCounter=0;
         flag=0;
         a=rand()%10+1;
         b=rand()%10+1;

         c=multiplication(a,b);              //计算正确答案
         while(ansCounter<chance&&flag==0)   //每道题最多可答 chance 次
         {
                printf("(%d)  %d*%d=",i,a,b);
                scanf("%d",&s);
                ansCounter++;
                if(s==c)
                    {
                        praise();            //输出表扬信息
                        flag=1;
                        break;
                    }
                else
                    if(ansCounter<chance)
                        printf("Try again!\n");
         }

         if(flag==0)                         //未答对，输出正确答案
            {
                printf("Correct Answer is:(%d)  %d*%d=%d\n",i,a,b,c);
                system("pause");
            }
    }
    system("pause");
}

/*
    @函数名称：procDivision
    @入口参数：整型变量 n，整型变量 chance
    @出口参数：无
    @函数功能：产生 n 道除法题供用户解答，每道题提供 chance 次答题机会
*/
void procDivision(int n,int chance)
{
    int a,b,s,c,i;
    int ansCounter=0;                        //答题次数计数器
    int flag;
    srand(time(NULL));
    for(i=1;i<=n;i++)
    {    ansCounter=0;
         flag=0;
         a=rand()%10+1;
         b=rand()%10+1;

         c=multiplication(a,b);              //计算乘积
         while(ansCounter<chance&&flag==0)   //每道题最多可答 chance 次
         {
                printf("(%d)  %d/%d=",i,c,a);
                scanf("%d",&s);
                ansCounter++;
                if(s==b)
```

```
                            {
                                praise();                    //输出表扬信息
                                flag=1;
                                break;
                            }
                        else
                            if(ansCounter<chance)
                                printf("Try again!\n");
                }
                if(flag==0)                                  //未答对，输出正确答案
                    {
                        printf("Correct Answer is:(%d) %d/%d=%d\n",i,c,a,b);
                        system("pause");
                    }
        }
        system("pause");
}
```

8. 改进主教材例 5.16 的程序，使程序具有计分功能，当学生完成答题后，按百分制显示学生得分情况。

【解析】这里给出加法函数的计分功能的实现代码，其他函数的计分功能可模仿实现。参考程序如下（lab5_8.c）。

```
/*
    @函数名称: procAddtion
    @入口参数: 整型变量 n，整型变量 chance
    @出口参数: 无
    @函数功能: 产生 n 道加法题供用户解答，每道题提供 chance 次答题机会
*/
void procAddtion(int n,int chance)
{
    int a,b,sum,c,i;
    int ansCounter=0;                    //答题次数计数器
    int flag;
    int correctAnswers=0;                //正确答题的次数
    srand(time(NULL));
    for(i=1;i<=n;i++)
    {   ansCounter=0;
        flag=0;
        a=rand()%100+1;                  //随机产生被加数与加数
        b=rand()%100+1;
        c=addtion(a,b);                  //计算正确答案
        while(ansCounter<chance&&flag==0)  //每道题最多可答 chance 次
            {
                printf("(%d) %d+%d=",i,a,b);
                scanf("%d",&sum);
                ansCounter++;            //答题次数计数
                if(sum==c)
                    {
                        praise();        //输出表扬信息
                        flag=1;
                        break;
                    }
                else
                    if(ansCounter<chance)
                        printf("Try again!\n");
            }

        if(flag==0)                      //未答对，输出正确答案
            {
                printf("Correct Answer is:(%d) %d+%d=%d\n",i,a,b,c);
                system("pause");
            }
        else correctAnswers++;

    }
```

```
        printf("得分: %d\n",correctAnswers*100/n);
        system("pause");
}
```

在程序执行时，输出菜单如下，若选择 2，则调用减法运算的相关程序。

```
小学生算术游戏 V1.0
                    **********************
                    [1]加法
                    [2]减法
                    [3]乘法
                    [4]除法
                    [5]设置题量大小
                    [6]设置答题机会
                    [0]退出
                    **********************
                    请输入选项[ 2 ]
```

以下是一次程序运行结果。

```
(1) 31−16=15✓
Great!
(2) 22−8=14✓
Way to go!
(3) 99−11=88✓
Good Job!
(4) 37−20=18✓
Try again!
(4) 37−20=19✓
Try again!
(4) 37−20=19✓
Correct Answer is:(4) 37−20=17
请按任意键继续…
(5) 70−14=56✓
Well done!
得分：80
```

实验 6
数组及其应用

一、实验目的

1. 熟悉和掌握一维数组的定义及使用方式。
2. 熟练应用下标法访问数组元素。
3. 掌握基于一维数组的数据处理算法（查找、插入、删除与排序等算法）。
4. 熟悉和掌握二维数组的定义及使用方式。
5. 熟练应用下标法访问二维数组元素。
6. 掌握基于二维数组的数据处理算法（矩阵倒置、矩阵相乘等算法）。
7. 理解字符串的存储结构并熟悉常用字符串函数的使用方法，能够熟练地进行字符串程序的设计。
8. 能够综合应用数组进行数据存储与数据处理，培养选择与优化算法的能力，以及计算思维能力与问题求解能力。

二、实验内容

1. 具有 n 个元素的整型数组 a 中存在重复数据，编写函数 int set(int a[],int n)删除数组中所有的重复元素，使数组变成一个集合，并返回集合中元素的个数。函数编写完成后请设计测试程序进行测试。

【解析】Array.h 头文件包含 input(int a[],int n)、print(int a[],int n)和 init(int a[],int n)这 3 个函数，本章的部分实验题将直接引用该头文件。

```
#include <stdio.h>
#include <stdlib.h>
#include <time.h>
/*
    @函数名称：input
    @入口参数：int a[], int n
    @函数功能：输入数组的前 n 个元素
*/
void input(int a[],int n)
{
    int i;
    printf("请输入%d个整数（整数间用空格分隔）: \n",n);
    for(i=0;i<n;i++)
```

```
                scanf("%d",a+i);
}
/*
    @函数名称：print
    @入口参数：int a[], int n
    @函数功能：输出数组的前 n 个元素，每行输出 10 个数
*/
void print(int a[],int n)
{   int i;
    printf("\n 数组的内容是: \n");
    for(i=0;i<n;i++)
       {
                if(i%10==0) printf("\n");
                printf("%6d",a[i]);
       }
    printf("\n");
}
/*
    @函数名称：init()
    @入口参数：int a[], int n
    @函数功能：将数组的前 n 个元素用随机数进行初始化
*/
void init(int a[],int n)
{
    int i;
    srand(time(0));
    for(i=0;i<n;i++)
        a[i]=rand()%1000+1;  //将 1～1000 的数赋给数组元素
}
```

为了让数组变成集合，可以从左向右以数组中的每个元素为参照来查找数组中与其相同的其他元素，当找到相同元素时，就将它从数组中删除。图 2-6-1（a）所示是一个具有 10 个元素的数组，图 2-6-1（b）～图 2-6-1（i）演示了将其变成集合的过程。

a[0]	a[1]	a[2]	a[3]	a[4]	a[5]	a[6]	a[7]	a[8]	a [9]
10	20	30	40	10	20	30	40	10	30

（a）具有 10 个元素的数组 a

a[0]	a[1]	a[2]	a[3]	a[4]	a[5]	a[6]	a[7]	a[8]	a [9]
10	20	30	40	10	20	30	40	10	30

（b）与 a[0]相同的元素为 a[4]和 a[8]，需要删除 a[4]和 a[8]

a[0]	a[1]	a[2]	a[3]	a[4]	a[5]	a[6]	a[7]	a[8]	a [9]
10	20	30	40	20	30	40	30		

（c）删除 a[4]和 a[8]后，数组中剩余 8 个元素

a[0]	a[1]	a[2]	a[3]	a[4]	a[5]	a[6]	a[7]	a[8]	a [9]
10	20	30	40	20	30	40	30		

（d）与 a[1]相同的元素为 a[4]，需要删除 a[4]

a[0]	a[1]	a[2]	a[3]	a[4]	a[5]	a[6]	a[7]	a[8]	a [9]
10	20	30	40	30	40	30			

（e）删除 a[4]后，数组中剩余 7 个元素

a[0]	a[1]	a[2]	a[3]	a[4]	a[5]	a[6]	a[7]	a[8]	a [9]
10	20	30	40	30	40	30			

（f）与 a[2]相同的元素为 a[4]和 a[6]，需要删除 a[4]与 a[6]

图 2-6-1 删除数组中重复元素的过程

a[0]	a[1]	a[2]	a[3]	a[4]	a[5]	a[6]	a[7]	a[8]	a [9]
10	20	30	40	40					

（g）删除 a[4]和 a[6]后，数组中剩余 5 个元素

a[0]	a[1]	a[2]	a[3]	a[4]	a[5]	a[6]	a[7]	a[8]	a [9]
10	20	30	40	40					

（h）与 a[3]相同的元素为 a[4]，需要删除 a[4]

a[0]	a[1]	a[2]	a[3]	a[4]	a[5]	a[6]	a[7]	a[8]	a [9]
10	20	30	40						

（i）数组中已不存在重复元素

图 2-6-1   删除数组中重复元素的过程（续）

参考程序如下（lab6_1.c）。

```
#include "Array.h"
#define N 10
/*
    @函数名称：set
    @入口参数：int a[], int n
    @函数功能：删除 a 中重复出现的元素，使数组 a 变成集合，并返回 a 中元素的个数
*/
int set(int a[],int n)
{
    int i,j,k;
    for(i=0;i<n-1;i++)
    {
        j=i+1;
        while(j<n)                          //找与 a[i]相同的元素并删除
        {
            while(j<n&&a[j]!=a[i])
                j++;
            if(j<n)                         //找到与 a[i]相同的元素 a[j]
            {
                for(k=j+1;k<n;k++)          //将 a[j]之后的元素前移，删除 a[j]
                    a[k-1]=a[k];
                n--;
            }
        }
    }
    return n;
}
int main()
{
    int a[N],n;
    input(a,N);                     //输入 N 个数
    n=set(a,N);                     //将数组 a 变成集合
    printf("去除数组中重复的元素，");
    print(a,n);                     //输出 a 中的内容
    return 0;
}
```

程序运行结果如下。

```
请输入 10 个整数（整数间用空格分隔）：
10 20 30 40 10 20 30 40 10 30↙
去除数组中重复的元素，
数组的内容是：
    10    20    30    40
```

2. 具有 *n* 个元素的有序整型数组 a 中存在重复数据，请设计程序，采用二分查找法找到数组中第一个值为给定值的元素所在的位置。

【解析】Array2.h 头文件内容相较于 Array.h 增加了一个简单选择排序函数，此处直接引用该头文件。由于数组中存在重复元素，本题要找的是第一个值为给定值的元素所在的位置，因此当使用二分查找法找到值为给定值的元素时，不能立即返回该位置，还要判断其前一个位置的元素是否与给定值相等，若相等，则还需要继续对前面的元素进行二分查找。参考程序如下（lab6_2.c）。

```c
#include "Array2.h"    //Array2.h 在 Array.h 的基础上增加了简单选择排序函数
#define N 10
int binSearch(int a[],int n,int x)
{
        int low=0,mid,high=n-1;
        while(low<=high)
        {
            mid=(low+high)/2;                      //二分
            if(a[mid]>x)                           //待查找的元素比中间数大
                high=mid-1;
            else
                if(a[mid]<x)                       //待查找的元素比中间数小
                    low=mid+1;
                else
                    if(mid==0||(a[mid-1]!=x)) return mid;
                    else  high=mid-1;              //不是第一个待查找元素，继续向前查找
        }
        return -1;
}
int main()
{
    int a[N],n,x,pos;
    input(a,N);                                    //输入 N 个数
    selectSort(a,N);                               //排序
    printf("排序后");
    print(a,N);
    printf("请输入要查找的数: ");
    scanf("%d",&x);
    pos=binSearch(a,N,x);
    printf("数组中第一个等于%d 的元素是 a[%d]。\n",x,pos);
    return 0;
}
```

程序运行结果如下。

```
请输入 10 个整数（整数间用空格分隔）:
30 20 10 80 30 40 60 50 30 70
排序后
数组的内容是:
    10    20    30    30    30    40    50    60    70    80
请输入要查找的数: 30
数组中第一个等于 30 的元素是 a[2]。
```

3. 设计函数 void partion(int a[],int n)，将长度为 *n* 的数组 a 中的所有负数调整到数组的前面，所有非负数调整到数组的后面，并编写测试程序进行测试。

【解析】可以由外向内来回比较，从左到右找非负数，把负数留在左边，遇非负数停止查找；然后从右向左找负数，把非负数留在右边，遇负数停止查找；把从左向右找到的非负数和从右向左找到的负数进行交换，重复上述过程，最终可将数组中所有的负数集中到左边，所有的非负数集中到右边。图 2-6-2 所示为应用由外向内来回比较实现数据重排的过程示意。

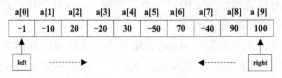

（a）用 left 从左向右查找，用 right 从右向左查找

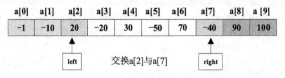

（b）当 left<right 时，交换 a[left]与 a[right]

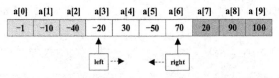

（c）用 left 继续从左向右查找，用 right 继续从右向左查找

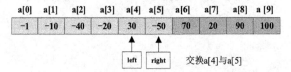

（d）当 left<right 时，交换 a[left]与 a[right]

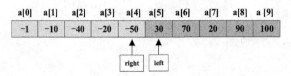

（e）当 left≥right 时，算法结束

图 2-6-2　应用由外向内来回比较实现数据重排的过程示意

参考程序如下（lab6_3.c）。

```
#include "Array.h"
#define N 10
/*
    @函数名称: partion
    @入口参数: int a[], int n
    @函数功能: 将数组 a 中的负数集中到左边, 非负数集中到右边
*/
void partion(int a[],int n)
{
    int left=0,right=n-1,temp;
    do
    {
            while(left<right&&a[left]<0)              //从左向右找非负数
                    left++;
            while(left<right&&a[right]>=0)            //从右向左找负数
                    right--;
            if(left<right)                            //交换两个数
            {
                    temp=a[left];
                    a[left++]=a[right];
```

```
                        a[right--]=temp;
                }
        }while(left<right);
}
int main()
{
    int a[N];
    input(a,N);                 //输入 N 个数
    partion(a,N);               //将数组 a 进行重排
    print(a,N);                 //输出 a 中的内容
    return 0;
}
```

程序运行结果如下。

```
请输入 10 个整数（整数间用空格分隔）：
-1 -10 20 -20 30 -50 70 -40 90 100↙
数组的内容是：
    -1    -10    -40    -20    -50    30    70    20    90    100
```

本题亦可采用递归算法实现，具体程序请读者自行编写。

4. 双向冒泡排序的基本思想是先从左向右进行一趟冒泡，将最大数移到最右边，再从右向左进行一趟冒泡，将最小数移到最左边，重复这个过程，直到数组有序。设计双向冒泡排序程序，并编写测试程序进行测试。

【解析】题目已对算法实现进行了详细说明，参考程序如下（lab6_4.c）。

```
#include "Array.h"
#define N 10
/*
    @函数名称：bubbleSort
    @入口参数：int a[], int n
    @函数功能：采用双向冒泡排序对数组 a 进行升序排列
*/
void bubbleSort(int a[],int n)
{
    int left=0,right=n-1;
    int i,j,temp,flag=1;
    while(left<right&&flag==1)
    {
        flag=0;
        for(i=0;i<right;i++)                   //从左向右冒泡
                if(a[i]>a[i+1])
                    {
                            temp=a[i];
                            a[i]=a[i+1];
                            a[i+1]=temp;
                            flag=1;
                    }
        right--;
        if(flag==0) break;
        flag=0;
        for(j=right;j>left;j--)                //从右向左冒泡
                if(a[j]<a[j-1])
                {
                        temp=a[j];
                        a[j]=a[j-1];
                        a[j-1]=temp;
                        flag=1;
                }
        left++;
    }
}
int main()
{
```

```
    int a[N];
    init(a,N);                          //随机产生 N 个数
    print(a,N);
    bubbleSort(a,N);                    //排序
    printf("数组排序后");
    print(a,N);                         //输出 a 中的内容
    return 0;
}
```

程序某次运行的结果如下（每次运行随机产生的数据可能不同）。

```
数组的内容是:
    574    19    883    246    109    122    669    940    136    832
数组排序后
数组的内容是:
    19    109    122    136    246    574    669    832    883    940
```

5. 编写函数 int delData(int a[],int n,int x)，删除数组中所有值为 x 的元素，并返回数组实际剩余元素的个数。请设计测试程序测试函数的运行结果。

【解析】对数组 a 进行遍历，不等于 x 的元素保留下来，与 x 相等的元素则删除。在实现时，可用变量 i 记录需要保留的元素的存储位置，初始值为 0；用变量 j 指示当前扫描的位置，程序执行结束时，i 的值即为数组中剩余元素的个数。参考程序如下（lab6_5.c）。

```
#include "Array.h"
#define N 10
/*
    @函数名称: delData
    @入口参数: int a[], int n, int x
    @函数功能: 删除数组 a 中所有值为 x 的元素
*/
int delData(int a[],int n,int x)
{
    int i,j;
    i=j=0;
    for(j=0;j<n;j++)
            if(a[j]!=x)   a[i++]=a[j];       //不等于 x 的元素保留下来
    return i;   //返回数组中剩余元素的个数
}
int main()
{
    int a[N],x,n;
    input(a,N);
    print(a,N);
    printf("请输入要删除的数: ");
    scanf("%d",&x);
    n=delData(a,N,x);
    printf("删除数组中的所有%d",x);
    print(a,n);                             //输出 a 中的内容
    return 0;
}
```

程序运行结果如下。

```
请输入 10 个整数（整数间用空格分隔）:
10 20 30 40 10 10 50 60 10 70↙
数组的内容是:
    10    20    30    40    10    10    50    60    10    70
请输入要删除的数: 10↙
删除数组中的所有 10
数组的内容是:
    20    30    40    50    60    70
```

6. 编写一个函数 int merge(int a[],int lena,int b[],int lenb,int c[])，将两个有序递增的数组 a（长度为 leba）与 b（长度为 lenb）有序合并到数组 c 中，函数返回 c 的长度。请编写测试程序进行测试。

【解析】函数功能可以采用二路归并方法实现，由于数组 a 和 b 已经有序，可以从左到右依次比较两个数组元素的值，设置两个下标变量 i 和 j，分别指示数组 a 和数组 b 当前元素的位置，另设置变量 k 用于指示数组 c 存放元素的位置，若 a[i]<b[j]，则将 a[i]存入 c[k]，同时执行"i++;k++;"语句；反之，则将 b[j]存入 c[k]，同时执行"j++;k++;"语句，重复这个过程，直到其中一个数组的所有元素均存入 c 为止。最后将另一个数组的剩余元素直接复制到 c 中。算法执行示意如图 2-6-3 所示。

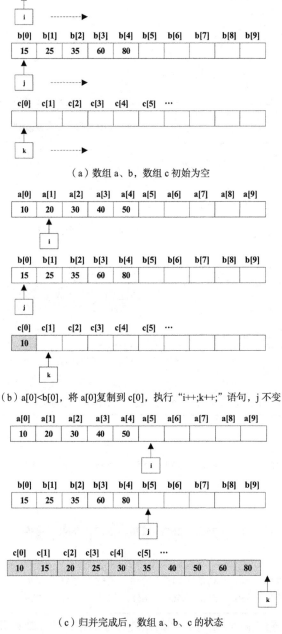

（a）数组 a、b，数组 c 初始为空

（b）a[0]<b[0]，将 a[0]复制到 c[0]，执行"i++;k++;"语句，j 不变

（c）归并完成后，数组 a、b、c 的状态

图 2-6-3　二路归并算法执行示意

需要说明的是，必须确保数组 c 有足够的空间存入归并的数据，否则将导致下标越界溢出。参考程序如下（lab6_6.c）。

```c
#include "Array.h"
#define N 10
void bubbleSort(int a[],int n);              //前文已介绍，此处略
/*
    @函数名称: merge
    @入口参数: int a[], int lena, int b[], int lenb, int c[]
    @函数功能: 将有序数组 a 与有序数组 b 合并到数组 c 中
*/
int merge(int a[],int lena,int b[],int lenb,int c[])
{
        int i=0,j=0,k=0;
        while(i<lena&&j<lenb)               //归并
        {
            if(a[i]<b[j])
                    c[k++]=a[i++];
            else
                    c[k++]=b[j++];
        }
        while(i<lena)                        //将 a 中的剩余元素复制到 c 中
                c[k++]=a[i++];
        while(j<lenb)                        //将 b 中的剩余元素复制到 c 中
                c[k++]=b[j++];
        return k;                            //返回 c 中的元素个数
}
int main()
{
    int a[N],b[N],c[2*N],lenc;
    printf("生成数组 a…\n");
    init(a,N);                             //随机产生 N 个数存入 a
    bubbleSort(a,N);                       //排序
    print(a,N);
    system("pause");
    printf("生成数组 b…\n");
    init(b,N);                             //随机产生 N 个数存入 b
    bubbleSort(b,N);                       //排序
    print(b,N);
    printf("合并数组 a 与 b 存入 c…\n");
    lenc=merge(a,N,b,N,c);                 //有序合并
    print(c,lenc);                         //输出 c 中的内容
    return 0;
}
```

程序某次运行的结果如下（数组 a 与 b 的元素是随机产生的）。

```
生成数组 a…
数组的内容是:
    51   170   245   435   492   550   553   666   709   782
请按任意键继续…
生成数组 b…
数组的内容是:
    56   122   143   215   255   265   270   317   668   839
合并数组 a 与 b 存入 c…
数组的内容是:
    51    56   122   143   170   215   245   255   265   270
   317   435   492   550   553   666   668   709   782   839
```

7. 编写一个程序，输入两个 M 行 N 列的矩阵，分别存放到二维数组 a 和 b 中，并将两矩阵相加的结果存放到二维数组 c 后输出。

【解析】此题应用双重循环访问二维数组。参考程序如下（lab6_7.c）。

```
#include <stdio.h>
#define M 3
#define N 4
/*
    @函数名称：input
    @入口参数：int a[M][N]
    @函数功能：从键盘为 M 行 N 列的二维数组 a 输入数据
*/
void input(int a[M][N])
{
    int i,j;
    printf("请输入%d行%d列的矩阵：\n",M,N);
    for(i=0;i<M;i++)
        for(j=0;j<N;j++)
            scanf("%d",&a[i][j]);
}
/*
    @函数名称：print
    @入口参数：int a[M][N]
    @函数功能：将 M 行 N 列的二维数组 a 输出到屏幕上
*/
void print(int a[M][N])
{
    int i,j;
    printf("矩阵内容是：\n");
    for(i=0;i<M;i++)
    {
        for(j=0;j<N;j++)
            printf("%5d",a[i][j]);
        printf("\n");
    }
}
/*
    @函数名称：add
    @入口参数：int a[M][N], int b[M][N], int c[M][N]
    @函数功能：求 M 行 N 列的矩阵 a 和矩阵 b 的和存到数组 c 中
*/
void add(int a[M][N],int b[M][N],int c[M][N])
{
    int i,j;
    for(i=0;i<M;i++)
        for(j=0;j<N;j++)
            c[i][j]=a[i][j]+b[i][j];
}
int main()
{
    int a[M][N],b[M][N],c[M][N];
    input(a);               //输入矩阵 a
    input(b);               //输入矩阵 b
    printf("矩阵相加: ");
    add(a,b,c);             //将矩阵相加的结果存入 c
    print(c);               //输出数组 c
    return 0;
}
```

8. 编写一个程序，输入一个 M 行 N 列的矩阵存放到二维数组 a 中，输入一个 N 行 K 列的矩阵存放到二维数组 b 中，设计函数完成将 a 与 b 相乘的结果存放到二维数组 c 中。编写测试程序进行测试。

【解析】根据矩阵相乘的数学知识，M 行 N 列的矩阵 a 乘以 N 行 K 列的矩阵 b，其结果为 M 行 K 列，因此，二维数组 c 应该定义为 M 行 K 列。c[i][j]的值等于矩阵 a 的第 i 行与矩阵 b 的第 j 列对应元素相乘后累加的和，因此，程序实现需要采用三重循环。参考程序如下（lab6_8.c）。

```
#include <stdio.h>
#define  M 3
#define  N 4
```

```
#define   K 2
/*
      @函数名称: mul
      @入口参数: int a[M][N], int b[N][K], int c[M][K]
      @函数功能: 将 M 行 N 列的矩阵 a 和 N 行 K 列的矩阵 b 相乘, 乘积存入矩阵 c 中
*/
void mul(int a[M][N],int b[N][K],int c[M][K])
{
      int i,j,k;
      for(i=0;i<M;i++)
      {
            for(j=0;j<K;j++)
            {
               c[i][j]=0;//c 的第 i 行第 j 列的值等于 a 的第 i 行与 b 的第 j 列对应元素相乘后累加的和
               for(k=0;k<N;k++)
                     c[i][j]+=a[i][k]*b[k][j];
            }
      }
}
int main()
{
      int a[M][N],b[N][K],c[M][K];
      int i,j;
      printf("请输入%d行%d列的矩阵 a: \n",M,N);
      for(i=0;i<M;i++)
            for(j=0;j<N;j++)
                  scanf("%d",&a[i][j]);

      printf("请输入%d行%d列的矩阵 b: \n",N,K);
      for(i=0;i<N;i++)
            for(j=0;j<K;j++)
                  scanf("%d",&b[i][j]);

      mul(a,b,c);

      printf("矩阵 a 乘以矩阵 b 的值是: \n");
      for(i=0;i<M;i++)
      {
            for(j=0;j<K;j++)
                  printf("%5d",c[i][j]);
            printf("\n");
      }
      return 0;
}
```

程序测试结果如下。

```
请输入 3 行 4 列的矩阵 a:
1 2 3 4✓
5 6 7 8✓
9 10 11 12✓
请输入 4 行 2 列的矩阵 b:
10 20✓
30 40✓
50 60✓
70 80✓
矩阵 a 乘以矩阵 b 的值是:
  500   600
 1140 1400
 1780 2200
```

9. 有 M 名学生学习 N 门课程，已知所有学生的各科成绩，要求采用二维数组编程，分别求每位学生的总分和每门课程的平均成绩。

【解析】可以利用 M 行 N 列的二维表格来存放学生成绩信息，每位学生的成绩占一行。二维数组可以实现二维表格的存储，为了记录学生的总分和每门课程的平均分，可以把二维数组定义为 $M+1$ 行、$N+1$ 列。第 0 行用于存储各门课程的平均分，第 0 列用于存储学生各门课程的总分。学生的成绩信息从第 1 行第 1 列开始存放，如图 2-6-4 所示。

可以基于上述存储结构来设计程序，先输入每位学生的成绩信息并存入二维数组，然后计算每位学生的总分，再通过一个循环求每门课程的平均分，最后以表格形式输出相关信息。

参考程序如下（lab6_9.c）。

	0列	1列	2列	3列
0行	-			
学生1		70	86.5	90
学生2	226	77	82	67
学生3		56	70	92
学生4		96	90	88
	总分	成绩1	成绩2	成绩3

图 2-6-4　利用二维数组存储学生成绩部分信息

```
#include <stdio.h>
#define M 4
#define N 3
int main()
{       float score[M+1][N+1];
        //定义二维数组，行数和列数比学生数、课程数多1
        //第0行用来存放课程的平均分，第0列用来存放学生的总分
        int i,j;
        for(i=1;i<=M;i++)           //输入学生成绩
        {
                printf("请输入%d号学生的%d门课程成绩: ",i,N);
                for(j=1;j<=N;j++)
                        scanf("%f",&score[i][j]);
        }
        //求每位学生的总分
        for(i=1;i<=M;i++)
        {
                score[i][0]=0;      //将第i位学生的总分存到第i行第0列
                for(j=1;j<=N;j++)
                        score[i][0]+=score[i][j];
        }
        //求每门课程的平均成绩
        for(j=1;j<=N;j++)
        {
                score[0][j]=0;      //将每门课程的平均成绩存到所在列的第0行
                for(i=1;i<=M;i++)
                        score[0][j]+=score[i][j];
                score[0][j]/=M;
        }
        //输出学生成绩表
        printf("---------------------------------------------\n");
        printf("学号\t总分\t成绩1\t成绩2\t成绩3\n");
        printf("---------------------------------------------\n");
        for(i=1;i<=M;i++)
        {       printf("%d\t",i);
                for(j=0;j<=N;j++)
                        printf("%.2f\t",score[i][j]);
                printf("\n");
        }
        //输出各门课程的平均成绩
        printf("---------------------------------------------\n");
        for(j=1;j<=N;j++)
                printf("成绩%d平均分: %.2f\n",j,score[0][j]);
        return 0;
}
```

程序运行结果如下。

```
请输入 1 号学生的 3 门课程成绩: 70    86.5      90↙
请输入 2 号学生的 3 门课程成绩: 77    82        67↙
请输入 3 号学生的 3 门课程成绩: 56    70        92↙
请输入 4 号学生的 3 门课程成绩: 96    90        88↙
-----------------------------------------------------
学号      总分    成绩 1   成绩 2   成绩 3

1         246.50  70.00    86.50    90.00
2         226.00  77.00    82.00    67.00
3         218.00  56.00    70.00    92.00
4         274.00  96.00    90.00    88.00
-----------------------------------------------------
成绩 1 平均分: 74.75
成绩 2 平均分: 82.13
成绩 3 平均分: 84.25
```

10. 如果二维数组中的某元素是它所在行的最大数，同时也是它所在列的最小数，那么该元素称为二维数组的鞍点。编写程序，输出二维数组的所有鞍点（二维数组可能有多个鞍点，也可能没有鞍点）。

【解析】可以逐行查找最大数，确定当前行最大数所在列后，判断该数是否为当前列的最小数，若是，则该数即为二维数组的一个鞍点。参考程序如下（lab6_10.c）。

```c
#include  <stdio.h>
#define  M 5
#define  N 5
/*
    @函数名称: getSaddlePoint
    @入口参数: int a[M][N]
    @函数功能: 输出二维数组 a 中的鞍点，返回鞍点的个数
*/
int getSaddlePoint(int a[M][N])
{
    int maxData,i,j,flag,counter=0;

    for(i=0;i<M;i++)                 //逐行扫描寻找鞍点
    {
        maxData=0;                   //记录第 i 行最大数所在的列
        for(j=1;j<N;j++)
        {
            if(a[i][j]>a[i][maxData])
                    maxData=j;
        }
        //此时，第 i 行的最大数为 a[i][maxData]
        //判断 a[i][maxData]是否为第 maxData 列的最小数
        flag=1;
        for(j=0;j<M;j++)
                if(a[i][maxData]>a[j][maxData])
                        flag=0;
        if(flag==1)                  //找到一个鞍点
        {
                printf("第%d个鞍点: a[%d][%d](%d)\n",++counter,i,maxData,a[i][maxData]);
        }
    }
    return counter;
}
int main()
{
```

```
    int a[M][N],i,j,counter;
    printf("请输入一个%d行%d列的二维数组:\n",M,N);
    for(i=0;i<M;i++)
                for(j=0;j<N;j++)
                    scanf("%d",&a[i][j]);
    counter=getSaddlePoint(a);
    printf("一共输出了%d个鞍点",counter);
    return 0;
}
```

程序测试结果如下。

```
请输入一个 5 行 5 列的二维数组:
1 2 3 4 5↙
1 2 3 4 5↙
3 4 5 6 7↙
4 5 6 7 8↙
5 6 7 8 9↙
第 1 个鞍点：a[0][4](5)
第 2 个鞍点：a[1][4](5)
一共输出了 2 个鞍点
```

11. 编写函数 int compress(char s[])，将字符串 s 中连续出现的多个字符压缩成一个字符，该函数返回被压缩字符的个数。例如，"AAbAccDekk"压缩后为"AbAcDek"，被压缩的字符数为 3。编写测试程序进行测试。

【解析】在 C 语言中字符串的结束标识是'\0'，因此，字符串编程中常用 while 循环语句。编程时，可以用变量 j 从前向后扫描字符串，用变量 i 记录需要保留的字符的存储位置，初始值均为 0。若当前字符 s[j]与 s[i]相等，则放弃该字符，否则将 s[j]存放至 s[i+1]的位置，再将 i 与 j 分别增加 1，重复这个过程，直至遇到字符串结束标识。参考程序如下（lab6_11.c）。

```c
#include <stdio.h>
#include <string.h>
/*
    @函数名称: compress
    @入口参数: char s[]
    @函数功能: 将字符串 s 中连续出现的多个字符压缩成一个字符
*/
int compress(char s[])
{
    int counter=0;
    int i=0,j=0;
    while(s[j])                //或 while(s[j]!='\0')
    {
        if(j==0)               //第一个字符直接跳过
                j++;
        else
        {
                if(s[j]==s[i])             //出现连续重复字符
                {
                    counter++;             //被压缩字符计数器
                    j++;
                }
                else
                    s[++i]=s[j++];         //非重复字符，直接保留
        }
    }
    s[++i]='\0';              //设置字符串结束标识
    return counter;
}
int main()
{
```

```
        char   s[80];
        int counter;
        printf("请输入长度小于 80 的字符串: ");
        gets(s);
        puts(s);
        counter=compress(s);
        puts(s);
        printf("一共被压缩了%d 个字符\n",counter);
        return 0;
}
```

程序测试结果如下。

> 请输入长度小于 80 的字符串: AAbAccDekk↙
> AAbAccDekk
> AbAcDek
> 一共被压缩了 3 个字符

12. 编写程序，查找一个英文句子中的最长单词。

【解析】假设英文句子存储在数组 s 中，可定义字符数组 t 来存储最长单词，其初始值为空；从 s 中依次读取字符，将新识别出的单词与 t 中的单词做比较，若新单词的长度大于 t 数组中单词的长度，则将新单词存入 t 中。参考程序如下（lab6_12.c）。

```
#include <stdio.h>
#include <string.h>
#define N 200
/*
        @函数名称: getMaxlengthWord
        @入口参数: char s[], char t[]
        @函数功能: 查找 s 中最长单词并将其存入 t
*/
int getMaxlengthWord(char s[],char t[])
{
        int i,j;
        char temp[N];
        t[0]='\0';
        i=0;
        while(s[i]!='\0')
        {
                while(s[i]&&s[i]==' ')                    //找新单词的起始位置
                        i++;
                j=0;
                while(s[i]&&s[i]!=' ')                    //读取新单词
                        temp[j++]=s[i++];
                temp[j]='\0';

                if(strlen(temp)>strlen(t))
                        strcpy(t,temp);
        }
}
int main()
{
        char s[N]="If they throw stones at you, don\'t throw back, use them to build your
own foundation instead.";
        char t[N];
        getMaxlengthWord(s,t);
        puts(s);
        printf("最长的单词是: \n");
        puts(t);
        printf("它的长度是: ");
        printf("%d",strlen(t));
        return 0;
}
```

程序运行结果如下。

> If they throw stones at you, don't throw back, use them to build your own foundation instead.
> 最长的单词是:
> foundation
> 它的长度是: 10

13. 在一个字符串中查找某个字符串第一次出现的位置称为子串定位, 又称为模式匹配。模式匹配算法在信息检索中有广泛的应用, 试编写一个模式匹配函数, 查找一个字符串在另一个字符串中第一次出现的位置, 若没找到, 则返回-1。编写测试程序进行测试。

【解析】用变量 i 从主串中的第 0 个位置开始向后匹配, 若以 i 为起点的子串与字符串 s 匹配成功, 则返回 i; 否则以下一个位置为起始位置重新开始匹配, 直至成功或所有可能位置全部匹配失败为止, 这种算法即朴素模式匹配算法, 如图 2-6-5 所示。

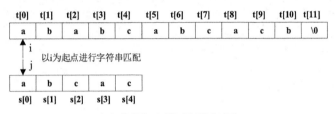

(a) 从最前面开始进行模式匹配

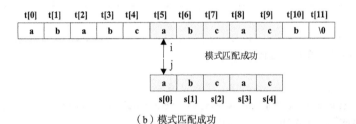

(b) 模式匹配成功

图 2-6-5 朴素模式匹配算法示意

要进行模式匹配还可以使用另一种更高效的算法——快速模式匹配算法 (KMP 算法), 有兴趣的读者可以查阅相关文献。

实现朴素模式匹配算法的参考程序如下 (lab6_13.c)。

```c
#include <stdio.h>
#include <string.h>
#define N 200
/*
    @函数名称: index
    @入口参数: char t[], char s[]
    @函数功能: 查找子串 s 在主串 t 中第一次出现的位置, 若查找失败, 则返回-1
*/
int index(char t[],char s[])
{    int lens,lent,i,j,k;
    lens=strlen(s);
    lent=strlen(t);
    i=0;                        //i 为匹配起点
    while(i<=lent-lens)
    {   j=i;
        k=0;
        while(t[j]&&s[k]&&t[j]==s[k])
        {
            j++;
            k++;
        }
```

```
                if(k==lens)                //匹配成功
                    return i;
                else  i++;                 //以 i 为起点匹配失败，匹配下一个位置
            }
            return -1;                     //匹配失败
    }
    int main()
    {   char t[N]="If they throw stones at you, don\'t throw back, use them to build
your own foundation instead." ;
        char s[N];
        int start;
        printf("原串: \n%s\n",t);
        puts("请输入待查找的字符串: ");
        gets(s);
        start=index(t,s);
        if(start!=-1)
        {   printf("字符串: ");
            puts(s);
            puts("在字符串");
            puts(t);
            printf("中第一次出现的位置是%d。\n",start);
        }
        else
            puts("匹配失败!");
        return 0;
    }
```

程序运行情况如下。

原串:

If they throw stones at you, don't throw back, use them to build your own foundation instead.

请输入待查找的字符串: build↙

字符串: build

在字符串

If they throw stones at you, don't throw back, use them to build your own foundation instead.

中第一次出现的位置是 59。

14. 采用递归方法在有序的整型数组 a[left..right]中二分查找值为 key 的元素所在的位置。

【解析】根据二分查找算法思想，折半后若待查找的元素比中间元素小，则应在数组的左半区间采用同样的方法进行二分查找；若待查找的元素比中间元素大，则应在数组的右半区间采用同样的方法进行二分查找，这正好可采用递归算法实现。

若在图 2-6-6（a）所示的有序数组 a 中查找 30，则第 1 次二分查找时，由于 a[mid]>30，因此应递归调用 binSearch(a,left,mid-1,key)在左半区间查找该数。若在图 2-6-6（b）所示的有序数组 a 中查找 80，则第 1 次二分查找时，由于 a[mid]<80，因此应通过递归调用 binSearch(a,mid+1,right,key)在右半区间查找该数。以此类推，直至查找成功或失败。

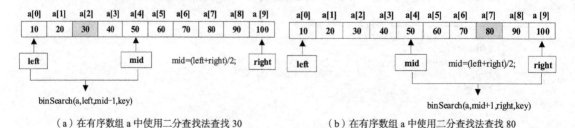

（a）在有序数组 a 中使用二分查找法查找 30   （b）在有序数组 a 中使用二分查找法查找 80

图 2-6-6　二分查找递归算法示意

参考程序如下（lab6_14.c）。

```
#include "Array2.h"
#define  N 100
/*
     @函数名称: binSearch
     @入口参数: int a[], int left, int right, int key
     @函数功能: 采用递归方法在有序的整型数组 a[left..right]中二分查找值为 key 的元素所在的位置
*/
int binSearch(int a[],int left,int right,int key)
{
        int mid;
        if(left<=right)
        {
              mid=(left+right)/2;                         //二分
              if(a[mid]==key) return mid;                 //查找成功
              else
                    if(key<a[mid])
                           return binSearch(a,left,mid-1,key);       //递归
                    else
                           return binSearch(a,mid+1,right,key);      //递归
        }
        return -1;
}
int main()
{
    int a[N],pos;
    int x;
    init(a,N);                      //初始化数组
    selectSort(a,N);                //升序排列
    print(a,N);
    printf("请输入要查找的数: ");
    scanf("%d",&x);
    pos=binSearch(a,0,N-1,x);
    if(pos!=-1)
            printf("%d 在数组中的序号是:%d\n",x,pos);
    else
            printf("查找失败!\n");
    return 0;
}
```

程序测试情况如下（数组内容是随机生成的）。

```
数组的内容是:
    1      8     17     20     24     30     37     46     47     48
   56     66     77     88     89     91    120    120    121    142
  144    160    162    213    216    256    263    275    281    284
  290    294    326    328    348    349    352    361    388    403
  404    432    439    459    471    482    486    506    507    526
  534    537    557    566    569    638    652    668    678    691
  696    697    698    712    723    724    731    732    753    763
  768    768    769    774    783    783    795    795    818    824
  827    828    832    835    838    839    839    854    879    880
  882    882    884    908    941    955    965    970    976    998
请输入要查找的数: 77✓
77 在数组中的序号是: 12
```

15. 编写基于递归的冒泡排序程序，并编写测试程序进行测试。

【解析】在进行一趟冒泡后，最大数排在了数组的最后一个位置，然后只需要对前 *n*−1 个元素采用相同的方法进行排序即可，这正好可以采用递归来实现。例如，对图 2-6-7（a）所示的数组 a 进行第一趟冒泡后，最大的数 100 已排至 a[9]，如图 2-6-7（b）所示，显然，接着只需要对前 9 个数进行递归冒泡排序即可，递归的出口条件是 *n*≤1。

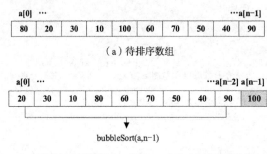

（a）待排序数组

（b）在进行一趟冒泡后，对前 $n-1$ 个数进行递归冒泡排序

图 2-6-7 递归冒泡排序算法示意

参考程序如下（lab6_15.c）。

```
#include "Array.h"
#define   N 100
/*
    @函数名称：bubbleSort
    @入口参数：int a[], int n
    @函数功能：采用递归法对数组 a 进行冒泡排序
*/
void   bubbleSort(int a[],int n)
{
    int i,temp,flag;
    if(n>1)                                 //若待排序数的数量大于 1，则需要排序
    {
        flag=0;                             //用 flag=0 表示完成排序
        for(i=0;i<n-1;i++)
                if(a[i]>a[i+1])
                {
                    temp=a[i];
                    a[i]=a[i+1];
                    a[i+1]=temp;
                    flag=1;                 //若发生交换，则表明数组 a 尚未排好序，于是使 flag=1
                }
        if(flag==1)
            bubbleSort(a,n-1);              //递归调用
    }
}
int main()
{
    int a[N];
    init(a,N);
    print(a,N);
    bubbleSort(a,N);
    print(a,N);
    return 0;
}
```

16. 编写基于递归的选择排序程序，并编写测试程序进行测试。

【解析】采用简单选择排序法进行排序，找到当前数组中的最大数并将其交换至最后一个位置后，只要采用同样的方法对前 $n-1$ 个元素进行排序即可。对前 $n-1$ 个数进行排序的过程可以采用递归来实现。例如，将在图 2-6-8（a）所示的数组 a 中第一次选出的最大数 100 交换至 a[9]，如图 2-6-8（b）所示，接下来只需要对前 9 个数进行递归简单选择排序即可，递归的出口条件是 $n \leqslant 1$。

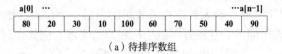

（a）待排序数组

图 2-6-8 简单递归选择排序算法示意 1

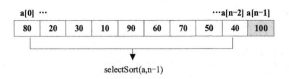

（b）第一次简单选择排序后的情况

图 2-6-8　简单递归选择排序算法示意 1（续）

参考程序如下（lab6_16_1.c）。

```c
#include "Array.h"
#define   N 100
/*
    @函数名称: selectSort
    @入口参数: int a[], int n
    @函数功能: 采用递归法对数组 a 进行简单选择排序
*/
void  selectSort(int a[],int n)        //参数 a[]为待排序数组，n 为元素个数
{
    int i,maxPos,temp;
    if(n>1)
    {
        maxPos=0;
        for(i=1;i<n;i++)
            if(a[i]>a[maxPos])
                maxPos=i;              //找最大数
        if(maxPos!=n-1)                //将最大数放到最后面
        {
            temp=a[maxPos];
            a[maxPos]=a[n-1];
            a[n-1]=temp;
            selectSort(a,n-1);         //采用递归法对数组的前 n-1 个数进行排序
        }
    }
}
int main()
{
    int a[N];
    init(a,N);                         //随机产生 N 个数存入数组
    print(a,N);                        //输出 N 个数
    selectSort(a,N);                   //排序
    print(a,N);                        //输出排序后的数组
    return 0;
}
```

当然，也可以选出最小数并将其交换到数组的最前面，然后采用递归法对后面的元素进行选择排序，如图 2-6-9 所示。这时，需要把数组的左、右边界作为函数参数（请思考为什么这么做）。参考程序如下（lab6_16_2.c）。

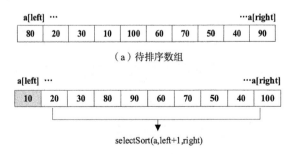

（a）待排序数组

（b）第一次简单选择排序后的情况

图 2-6-9　简单递归选择排序算法示意 2

```
#include "Array.h"
#define   N 100
/*
     @函数名称: selectSort
     @入口参数: int a[], int left, int right, left 表示待排序数组的起始位置, right 表示待排序
数组的结束位置
     @函数功能: 采用递归法对数组 a 进行简单选择排序
*/
void  selectSort(int a[],int left,int right)
{
     int i,minPos,temp;
     if(left<right)
     {
         minPos=left;
         for(i=left+1;i<=right;i++)
             if(a[i]<a[minPos])
                  minPos=i;                //找最小数
         if(minPos!=left)                  //将最小数放到当前排序段的起始位置
         {
             temp=a[minPos];
             a[minPos]=a[left];
             a[left]=temp;
         }
         selectSort(a,left+1,right);       //采用递归法对 a[left+1..right]进行排序
     }
}
int main()
{
     int a[N];
     init(a,N);                           //随机产生 N 个数存入数组
     print(a,N);                          //输出 N 个数
     selectSort(a,0,N-1);                 //排序
     print(a,N);                          //输出排序后的数组
     return 0;
}
```

实验 7
指针及其应用

一、实验目的

1. 理解地址、指针、指针变量的概念，并掌握指针变量的定义与初始化方法。
2. 掌握应用指针访问数组的方法。
3. 掌握应用指针访问字符串的方法。
4. 熟悉应用指针实现函数实参地址传递的方法。
5. 掌握指针数组及多级指针的概念并能正确应用它们。
6. 理解函数指针的概念并能正确应用它。
7. 理解动态内存分配的原理并能正确应用它。

二、实验内容

1. 采用指针编写函数 myStrcmp(char *t,char *s)，实现与 strcmp 相同的功能。

【解析】从左到右依次扫描两个字符串，当第一次遇到不相等的字符时，用两个字符的 ASCII 值的差作为函数的返回值，如图 2-7-1 所示。参考程序如下（lab7_1.c）。

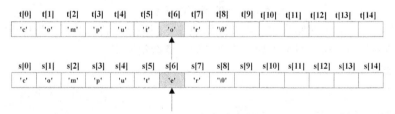

图 2-7-1　字符串比较示意

```
#include <stdio.h>
#define  N   100
/*
    @函数名称：myStrcmp
    @入口参数：char *t, char *s
    @函数功能：比较字符串，若 t>s 则返回正数，若 t=s 则返回 0，否则返回负数
*/
int myStrcmp(char *t,char *s)
{
```

```
        while(*t&&*s&&*t==*s)                //查找两个字符串中第一处不相等的字符
        {
            t++;
            s++;
        }
        return *t-*s;                         //返回两个字符的ASCII值的差
}
int main()
{
    char t[N],s[N];
    int k;
    printf("请输入两个字符串: \n");
    gets(t);
    gets(s);
    k=myStrcmp(t,s);
    if(k>0)
            printf("%s > %s\n",t,s);
    else
        if(k<0)
            printf("%s < %s\n",t,s);
        else
            printf("%s==%s\n",t,s);
    return 0;
}
```

程序运行结果如下（可对 3 种情况分别进行测试）。

请输入两个字符串：
computor↙
computer↙
computor > computer

2. 采用指针编程，实现能够输入和输出任意行、任意列的二维数组处理函数。

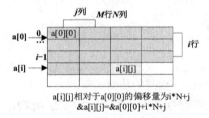

a[i][j]相对于a[0][0]的偏移量为i*N+j
&a[i][j]=&a[0][0]+i*N+j

图 2-7-2　二维地址到一维地址的映射

【解析】下面介绍一种巧用列指针设计通用二维数组处理函数的方法。二维数组在内存中是连续存放的，对于 M 行 N 列的二维数组 a，a[i][j]相对于 a[0][0]的偏移量是 i*N+j，从而 a[i][j]可等价地表示为*(&a[0][0]+i*N+j)，如图 2-7-2 所示。

例如，a 为 3 行 4 列的数组，则 a[2][2]相对于 a[0]的偏移量为 2×4+2，因此其地址是 a[0]+10，相应地，a[2][2]可用*(a[0]+10)等价地表示。

利用上述特性，可以通过将二维数组的起始地址（列地址）传递给形参为列指针的函数，在函数中利用二维地址到一维地址的映射关系来访问二维数组元素。

参考程序如下（lab7_2.c）。

```
#include <stdio.h>
/*
        @函数名称: input
        @入口参数: int *a, int m, int n
        @函数功能: 输入m行n列的整型二维数组
*/
void input(int *a,int m,int n)                //或写成void input(int a[],int m,int n)
{       int i,j;
        printf("请输入%d行%d列的二维数组: \n",m,n);

        for(i=0;i<m;i++)
                for(j=0;j<n;j++)
                        scanf("%d",a+i*n+j );   //或 scanf("%d",&a[i*n+j]);
}
```

```
/*
        @函数名称: print
        @入口参数: int *a, int m, int n
        @函数功能: 输出 m 行 n 列的整型二维数组
*/
void print(int *a,int m,int n)                    //或写成 void print(int a[],int m,int n)
{       int i,j;
        for(i=0;i<m;i++)
        {       for(j=0;j<n;j++)
                    printf("%4d",*(a+i*n+j));      //或 printf("%4d",a[i*n+j]);
                printf("\n");
        }
}
int main()
{       int a[2][4];
        int b[3][3];
        input(*a,2,4);            //传入 a[0][0]的地址，也可用&a[0][0]或 a[0]
        input(&b[0][0],3,3);
        printf("数组 a:\n");
        print(a[0],2,4);
        printf("数组 b:\n");
        print(b[0],3,3);
        return 0;
}
```

程序运行结果如下。

```
请输入 2 行 4 列的二维数组：
1 2 3 4
5 6 7 8
请输入 3 行 3 列的二维数组：
1 2 3
4 5 6
7 8 9
数组 a:
   1   2   3   4
   5   6   7   8
数组 b:
   1   2   3
   4   5   6
   7   8   9
```

从程序运行结果可见，两个函数可以用于实现对任意行列数的二维数组的输入和输出。

需要特别注意的是，由于函数的形参为列指针，因此函数的实参为二维数组的起始地址（列地址），而非二维数组的名称。

3. 编写函数，实现在任意行、任意列的二维数组中寻找鞍点，行、列数均由主调函数传入，编写测试程序进行测试。

【解析】在实验 6 中已经实现了在二维数组中求鞍点，利用列指针设计通用二维数组处理函数可以实现本题要求的功能。参考程序如下（lab7_3.c）。

```
#include <stdio.h>
#define M 4
#define N 5
/*
        @函数名称：getSaddlePoint
        @入口参数：int *a, int m, int n, *a 用于接收二维数组的起始列地址
        @函数功能：输出二维数组中的鞍点
*/
int getSaddlePoint(int *a,int m,int n)
{
```

```
        int maxData,i,j,flag,counter=0;
        for(i=0;i<m;i++)        //逐行扫描寻找鞍点
        {
            maxData=0;          //记录第 i 行最大数所在的列
            for(j=1;j<n;j++)
            {
                if(*(a+i*n+j)>*(a+i*n+maxData))
                        maxData=j;
            }
            //此时，第 i 行的最大数为 a[i][maxData]
            //判断 a[i][maxData]是否为第 maxData 列的最小数
            flag=1;
            for(j=0;j<M;j++)
                    if(*(a+i*n+maxData)>*(a+j*n+maxData))
                        flag=0;
            if(flag==1)    //找到一个鞍点
            {
                printf("第%d个鞍点: a[%d][%d](%d)\n",++counter,i,maxData,*(a+i*n+maxData));
            }
        }
        return counter;
}
/*
    @函数名称: input
    @入口参数: int *a, int m, int n
    @函数功能: 输入 m 行 n 列的整型二维数组
*/
void input(int *a,int m,int n)          //或写成 void input(int a[],int m,int n)
{   int i,j;
    printf("请输入%d行%d列的二维数组: \n",m,n);
    for(i=0;i<m;i++)
        for(j=0;j<n;j++)
                scanf("%d",a+i*n+j );   //或 scanf("%d",&a[i*n+j]);
}
/*
    @函数名称: print
    @入口参数: int *a, int m, int n
    @函数功能: 输出 m 行 n 列的整型二维数组
*/
void print(int *a,int m,int n)          //或写成 void print(int a[],int m,int n)
{   int i,j;
    for(i=0;i<m;i++)
    {   for(j=0;j<n;j++)
                printf("%4d",*(a+i*n+j)); //或 printf("%4d",a[i*n+j]);
        printf("\n");
    }
}
int main()
{   int a[M][N];
    int counter=0;
    input(*a,M,N);                          //传入 a[0][0]的地址，也可用&a[0][0]或 a[0]
    printf("数组 a:\n");
    print(a[0],M,N);
    counter=getSaddlePoint(a[0],M,N);
    printf("一共输出了%d个鞍点。",counter);
    return 0;
}
```

4. 编写一个函数，计算 m 行 n 列的二维数组与 n 行 k 列的二维数组的乘积，m、n 与 k 均要求由主调函数传入，编写测试程序进行测试。

【解析】利用列指针设计通用二维数组处理函数，可以实现本题要求的功能。参考程序如下（lab7_4.c）。

```
#include <stdio.h>
#define M 2
#define N 4
#define K 3
/*
    @函数名称: mulMatrix
    @入口参数: int * a, int m, int n, int *b, int k, int *c, m 为 a 的行数, n 为 a 的列和 b 的
行, k 为 b 的列
    @函数功能: 计算二维数组 a 和二维数组 b 的乘积, 结果存入二维数组 c
*/
void mulMatrix( int *a,int m,int n,int *b,int k,int *c)
{
    int i,j,y;
    for(i=0;i<m;i++)
    {
        for(j=0;j<k;j++)
        {
            *(c+i*k+j)=0;                          //c[i][j]=0;
            for(y=0;y<n;y++)
                *(c+i*k+j)+= *(a+i*n+y) * *(b+y*k+j);
        }
    }
}
/*
    @函数名称: input
    @入口参数: int *a, int m, int n
    @函数功能: 输入 m 行 n 列的整型二维数组
*/
void input(int *a,int m,int n)                //或写成 void input(int a[],int m,int n)
{   int i,j;
    printf("请输入%d行%d列的二维数组: \n",m,n);
    for(i=0;i<m;i++)
        for(j=0;j<n;j++)
            scanf("%d",a+i*n+j);             //或 scanf("%d",&a[i*n+j]);
}
/*
    @函数名称: print
    @入口参数: int *a, int m, int n
    @函数功能: 输出 m 行 n 列的整型二维数组
*/
void print(int *a,int m,int n)               //或写成 void print(int a[],int m,int n)
{   int i,j;
    for(i=0;i<m;i++)
    {   for(j=0;j<n;j++)
            printf("%4d",*(a+i*n+j)); //或 printf("%4d",a[i*n+j]);
        printf("\n");
    }
}
int main()
{   int a[M][N],b[N][K],c[M][K];
    input(*a,M,N);                           //传入 a[0][0]的地址, 也可用&a[0][0]或 a[0]
    printf("数组 a:\n");
    print(a[0],M,N);

    input(*b,N,K);                           //传入 b[0][0]的地址, 也可用&b[0][0]或 b[0]
    printf("数组 b:\n");
    print(b[0],N,K);

    mulMatrix(*a,M,N,*b,K,*c);               //二维数组相乘

    printf("二维数组 a 乘二维数组 b 的结果是: \n");
    print(c[0],M,K);
    return 0;
}
```

程序测试结果如下。

请输入 2 行 4 列的二维数组：
1 1 1 1↙
2 2 2 2↙
数组 a：
   1   1   1   1
   2   2   2   2
请输入 4 行 3 列的二维数组：
1 1 1↙
2 2 2↙
3 3 3↙
4 4 4↙
数组 b：
   1   1   1
   2   2   2
   3   3   3
   4   4   4
二维数组 a 乘二维数组 b 的结果是：
  10 10 10
  20 20 20

请思考：如果相乘的二维数组的行、列均要由用户输入，如何改进程序？

5. m 名学生学习 n 门课程，要求采用动态内存分配，根据输入的学生人数和课程数创建二维数组存储学生成绩。计算学生总分，并按总分降序输出学生成绩信息，编写测试程序进行测试。

【解析】由于每次在运行程序时输入的学生人数和课程数可能都不同，采用固定长度的数组来存储学生成绩有非常大的局限性。这里采用动态内存分配方法，根据输入的学生人数和课程数创建动态二维数组来存储学生成绩，以增强程序的通用性，如图 2-7-3 所示。数组使用完毕后，需要用 free( )函数释放申请的动态数组空间。

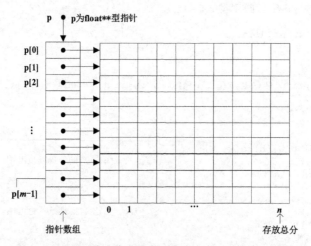

图 2-7-3 应用动态内存分配方法生成 m 行 $n+1$ 列的二维数组

参考程序如下（lab7_5.c）。

```
#include <stdio.h>
#include <stdlib.h>
/*
    @函数名称：mallocArray
    @入口参数：int m, int n
```

```
@函数功能：采用动态内存分配方法创建 m 行 n+1 列的二维数组
*/
float **mallocArray(int m,int n)
{
    int **p;
    int i,j;
    p=(float **)malloc(m*sizeof(float *));              //生成指针数组
    for(i=0;i<m;i++)
        p[i]=(float *)malloc((n+1)*sizeof(float));      //每行申请 n+1 个单元
    return p;                     //返回指针数组起始地址
}
/*
    @函数名称：input
    @入口参数：float **p, int m, int n
    @函数功能：输入学生成绩，并计算每个学生的总分
*/
void input(float **p,int m,int n)
{
    int i,j;
    for(i=1;i<=n;i++)
        printf("成绩%d\t",i);
    printf("\n");
    for(i=0;i<m;i++)
        {   p[i][n]=0;
            for(j=0;j<n;j++)
                {
                    scanf("%f",*(p+i)+j);               //输入第 j 门课程成绩
                    p[i][n]+=p[i][j];                   //计算总分
                }
        }
}
/*
    @函数名称：print
    @入口参数：float **p, int m, int n
    @函数功能：输出学生成绩
*/
void print(float **p,int m,int n)
{
    int i,j;
    for(i=1;i<=n;i++)
        printf("成绩%d\t",i);
    printf("总分\n");
    for(i=1;i<=n;i++)
        printf("--------",i);
    printf("--------\n");
    for(i=0;i<m;i++)
        {
            for(j=0;j<=n;j++)
                printf("%.2f\t",*(*(p+i)+j));           //输出第 j 门课程成绩
            printf("\n");                               //每个学生的成绩占一行
        }
}
/*
    @函数名称：sort
    @入口参数：float **p, int m, int n
    @函数功能：对成绩排序
*/
void sort(float **p,int m,int n)
{
    float *temp;
    int i,maxPox,j;
    for(i=0;i<m-1;i++)                                  //应用选择排序法实现索引排序
        {
            maxPox=i;
            for(j=i+1;j<m;j++)
                if(p[j][n]>p[maxPox][n])
```

```
                        maxPox=j;                       //寻找最高分所在的行
                if(i!=maxPox)                           //交换第 i 行与第 maxPos 行的指针
                {
                        temp=p[i];
                        p[i]=p[maxPox];
                        p[maxPox]=temp;
                }
        }
}
int main()
{
    int m,n,i,j;
    float **p;
    printf("请输入学生人数与课程数（如3,5）:\n");
    scanf("%d,%d",&m,&n);
    p=mallocArray(m,n);

    input(p,m,n);
    print(p,m,n);
    sort(p,m,n);
    printf("按总分降序排列:\n");
    print(p,m,n);

    //释放动态生成的二维数组
    for(i=0;i<m;i++)
            free(p[i]);                 //释放数组的每一行
    free(p);                            //释放指针数组
    return 0;
}
```

程序测试结果如下。

```
请输入学生人数与课程数（如3,5）:
3,5↙
成绩 1      成绩 2      成绩 3      成绩 4      成绩 5
80          70          90          77          87↙
60          78          92          88          45↙
70          90          82          90          92↙
成绩 1      成绩 2      成绩 3      成绩 4      成绩 5      总分
-----------------------------------------------------------------------
80.00       70.00       90.00       77.00       87.00       404.00
60.00       78.00       92.00       88.00       45.00       363.00
70.00       90.00       82.00       90.00       92.00       424.00
按总分降序排列:
成绩 1      成绩 2      成绩 3      成绩 4      成绩 5      总分
-----------------------------------------------------------------------
70.00       90.00       82.00       90.00       92.00       424.00
80.00       70.00       90.00       77.00       87.00       404.00
60.00       78.00       92.00       88.00       45.00       363.00
```

需要说明的是，sort( )函数通过调整指针数组的指向来实现按总分排序，这实际上是一种索引排序方法，使用这种方法可避免采用传统数组存储时通过交换分数数据进行排序的时间消耗。

以上面的测试用例中输入的分数为例，排序前后的变化情况如图 2-7-4 所示。

6. 查阅资料，了解函数指针的定义与使用方法，利用函数指针实现既可递增又可递减排序的冒泡排序函数。

【解析】可以定义函数 int ascend(int a,int b)，若 a>b，函数返回 1，反之返回 0。另定义函数 int descend(int a,int b)，若 a<b 函数返回 1，反之函数返回 0。在 bubbleSort(int a[],int n,int (*f)(int,int))

中定义函数指针 f，这样在排序时，只需要根据升序或降序的排序需求分别把 ascend 或 descend 作为该函数的实参即可。

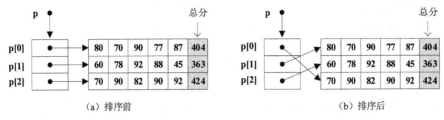

（a）排序前　　　　　　　　　　　　　　　（b）排序后

图 2-7-4　利用指针实现高效排序示意

请观察 bubbleSort( )函数形参中的函数指针定义及 main( )函数中的函数调用方法。参考程序如下（lab7_6.c）。

```c
#include "Array.h"            //Array.h 文件同实验 6
#define N 10
/*
        @函数名称: ascend
        @入口参数: int a, int b
        @函数功能: 升序比较函数，若a>b返回1，否则返回0
*/
int ascend(int a,int b)
{
        return a>b?1:0;
}
/*
        @函数名称: descend
        @入口参数: int a, int b
        @函数功能: 降序比较函数，若a<b返回1，否则返回0
*/
int descend(int a,int b)
{
        return a<b?1:0;
}
/*
        @函数名称: bubbleSort
        @入口参数: int a[], int n, int (*f)(int,int)
        @函数功能: 采用冒泡排序法对数组 a 进行递增排序或递减排序
*/
void bubbleSort(int a[],int n,int (*f)(int,int))
{    int i,flag=1,temp;
     while(n>1&&flag==1)
     {    flag=0;
          for(i=0;i<n-1;i++)
               if((*f)(a[i],a[i+1])==1)     //通过函数指针引用比较函数
                    {
                         temp=a[i];
                         a[i]=a[i+1];
                         a[i+1]=temp;
                         flag=1;
                    }
     }
}
int main()
{    int a[N];
     init(a,N);                      //随机生成 N 个测试数据
     print(a,N);
     printf("对数组进行升序排列: ");
     bubbleSort(a,N,ascend);          //升序排列
     print(a,N);
     printf("对数组进行降序排列: ");
```

```
        bubbleSort(a,N,descend);        //降序排列
        print(a,N);
        return 0;
}
```

程序运行结果如下。

```
数组的内容是:
    77    586   843   107   896   185   307   579   665   267
对数组进行升序排列:
数组的内容是:
    77    107   185   267   307   579   586   665   843   896
对数组进行降序排列:
数组的内容是:
    896   843   665   586   579   307   267   185   107   77
```

实验 8
结构体及其应用

一、实验目的

1. 掌握结构体的定义与使用方法。
2. 掌握结构体数组的基本使用方法。
3. 掌握结构体动态内存分配方法。
4. 掌握通过指针访问结构体的方法。

二、实验内容

1. 手机通信录包括姓名、移动电话、固定电话、E-mail 等信息。编写程序，设计一个存储手机通信录的结构体类型，并定义结构体变量，输入某通信录信息并在屏幕上输出。

【解析】先按照要求定义通信录结构体类型 addressNode，再定义该类型的结构体变量，输入通信录相关信息，将其存入变量后输出。参考程序如下（lab8_1.c）。

```
#include <stdio.h>
#include <stdlib.h>
struct addressNode
{
    char name[20];                  //姓名
    char mobileTel[12];             //移动电话
    char tel[13];                   //固定电话
    char email[30];                 //E-mail
};
typedef struct addressNode  addressBook;

int main()
{
    addressBook addr1;
    printf("请输入通信录信息: \n");
    printf("姓名: ");
    gets(addr1.name);
    printf("移动电话: ");
    gets(addr1.mobileTel);
    printf("固定电话: ");
    gets(addr1.tel);
    printf("E-mail: ");
    gets(addr1.email);
```

```
        printf("姓名\t 移动电话\t 固定电话\tE-mail\n");
        printf("%s\t%s\t%s\t%s\n",addr1.name,addr1.mobileTel,addr1.tel,addr1.email);
        return 0;
```

程序运行结果如下。

请输入通信录信息：
姓名：张三↙
移动电话：18807918***↙
固定电话：079188120***↙
E-mail：zhangsan@***.com↙
姓名   移动电话   固定电话   E-mail
张三   18807918***   079188120***   zhangsan@***.com

2. 完善主教材例 8.5 中程序的功能，为其增加下列功能。

（1）学生信息查询功能，即根据学生的准考证号查询学生成绩信息。

【解析】准考证号为字符串，在按准考证号查询学生信息时，需要使用字符串比较函数，参考程序如下（lab8_2_1.c）。

```
#include <stdio.h>
#include <string.h>
#define N 10000
struct student
{    char id[10];            //准考证号
     char name[9];           //姓名
     float score[4];         //大小为 4 的数组，用于存储 4 门课程的分数
     float total;            //总分
};
typedef struct student stuStru;

/*
     @函数名称：query
     @函数参数：stuStru s[], int n, char id[]
     @函数功能：根据准考证号查询学生信息
*/
int query(stuStru s[],int n,char id[])
{
     int i=n-1;     //此处采用顺序查找法，若学生记录按准考证号有序排列，则可采用二分查找法
     while(i>=0&&strcmp(s[i].id,id)!=0)
            i--;
     return i;
}
/*
     @函数名称：input
     @入口参数：stuStru s[]
     @函数功能：录入学生信息，返回信息输入成功的学生人数
*/
int input(stuStru s[])
{
     int n=-1,i;
     printf("请按下列格式输入学生信息（行首输入 q 结束输入）: \n");
     printf("-----------------------------------------------------\n");
     printf("准考证号\t 姓名\t 语文\t 数学\t 英语\t 综合\n");
     do
     {    n++;
          scanf("%s",s[n].id);                              //输入准考证号
          if(s[n].id[0]=='q'||s[n].id[0]=='Q') break;
          scanf("%s",s[n].name);                            //输入姓名
          for(i=0;i<4;i++)                                  //输入 4 门课程的成绩
                scanf("%f",&s[n].score[i]);
     }while(1);                                             //返回有效学生人数
     return n;
```

```
}
/*
        @函数名称：sum
        @入口参数：stuStru *s, int n
        @函数功能：求学生的总分
*/
void sum(stuStru *s,int n)
{       int i,j;
        stuStru *p=s;                           //采用指针法访问数组
        while(p<s+n)
        {
                p->total=0;                     //总分清零
                for(j=0;j<4;j++)
                        p->total+=p->score[j];
                p++;
        }
}
/*
        @函数名称：selectSort
        @入口参数：stuStru s[], int n
        @函数功能：采用选择排序法对学生信息按总分由高到低排序
*/
void selectSort(stuStru s[],int n)
{
        int i,j,k,maxIndex;
        stuStru temp;
        for(i=0;i<n-1;i++)
        {
                maxIndex=i;
                for(j=i+1;j<n;j++)              //查找最高分所在记录
                        if(s[j].total>s[maxIndex].total)
                                maxIndex=j;
                if(i!=maxIndex)
                {
                        temp=s[i];
                        s[i]=s[maxIndex];
                        s[maxIndex]=temp;
                }
        }
}
/*
        @函数名称：print
        @入口参数：stuStru s[], int n
        @函数功能：输出学生信息
*/
void print(stuStru *s,int n)
{
        int i,j;
        if(n>0)
        {
                printf("%-12s%-12s","准考证号","姓名");          //输出表头
                printf("%-8s%-8s%-8s%-8s%-8s\n","语文","数学","英语","综合","总分");
                printf("--------------------------------------------------------------\n");
                for(i=0;i<n;i++,s++)
                {
                        printf("%-12s",s->id);                    //输出准考证号
                        printf("%-12s",s->name);                  //输出姓名
                        for(j=0;j<4;j++)                          //输出成绩
                                printf("%-8.2f",s->score[j]);
                        printf("%-8.2f\n",s->total);              //输出总分
                }
        }
}
int main()
{
        stuStru s[N];
```

```
        char id[10];
        int n,i,pos;
        n=input(s);              //输入
        sum(s,n);                //求和
        selectSort(s,n);         //按总分由高到低排序
        print(s,n);              //输出
        printf("请输入要查询的准考证号: \n");
        scanf("%s",id);
        pos=query(s,n,id);
        printf("pos=%d\n",pos);
        if(pos!=-1)
        {
            printf("准考证号: %s\n",s[pos].id);
            printf("姓名: %s\n",s[pos].name);
            for(i=0;i<4;i++)
                printf("成绩%d: %.2f\n",i+1,s[pos].score[i]);
            printf("总分: %.2f\n",s[pos].total);
        }
        else
            printf("查找失败! \n");
        return 0;
}
```

程序运行结果如下。

```
请按下列格式输入学生信息（行首输入 q 结束输入）:
------------------------------------------------------------
准考证号          姓名      语文      数学      英语      综合
9312028          揭安全    80        90        77        280↙
9312027          王小明    90        77        72        260↙
q↙
准考证号      姓名        语文      数学      英语      综合        总分
------------------------------------------------------------
9312028      揭安全      80.00     90.00     77.00     280.00     527.00
9312027      王小明      90.00     77.00     72.00     260.00     499.00
请输入要查询的准考证号:
9312027↙
pos=1
准考证号: 9312027
姓名: 王小明
成绩 1: 90.00
成绩 2: 77.00
成绩 3: 72.00
成绩 4: 260.00
总分: 499.00
```

（2）学生信息插入功能，即在结构体数组的指定位置插入学生信息。

【解析】在结构体数组中指定位置插入元素，需要判断位置的合法性，若位置合法则进行插入操作，参考程序如下（lab8_2_2.c）。

```
/*
    @函数名称: insertStudent(stuStru s[],int n,stuStru stu,int pos)
    @函数功能: stuStru s[], int n, stuStru stu, int pos
    @函数功能: 在学生数组 s 的 pos 位置插入学生记录 stu, 返回插入操作完成后的学生人数
*/
int insertStudent(stuStru s[],int n,stuStru stu,int pos)
{
        int i;
        if(pos<0||pos>n)
```

```
                {
                        printf("插入位置错误！\n");
                        return n;
                }
                else            //插入
                {
                        for(i=n-1;i>=pos;i--)
                                s[i+1]=s[i];
                        s[pos]=stu;
                        return n+1;
                }
}
//其他函数同（1），此处略
int main()
{
        stuStru s[N];
        stuStru stu;
        int n,i,pos;
        n=input(s);                    //输入
        sum(s,n);                      //求和
        print(s,n);                    //输出
        puts("请输入要插入的学生信息：");
        printf("准考证号：");
        scanf("%s",stu.id);
        printf("姓名：");
        scanf("%s",stu.name);
        printf("语文      数学      英语      综合\n");
        stu.total=0;
        for(i=0;i<4;i++)
        {
                scanf("%f",&stu.score[i]);
                stu.total+=stu.score[i];
        }
        printf("请输入要插入的位置：");
        scanf("%d",&pos);
        n=insertStudent(s,n,stu,pos);
        print(s,n);
        return 0;
}
```

程序运行结果如下。

```
准考证号      姓名        语文      数学      英语      综合      总分
-------------------------------------------------------------------
9312028      揭安全      80.00     90.00     77.00    280.00    527.00↙
9312027      王小明      90.00     77.00     72.00    260.00    499.00↙
请输入要插入的学生信息：
准考证号：9312026↙
姓名：李科↙
语文      数学      英语      综合
70        88        73        245↙
请输入要插入的位置：2↙
准考证号      姓名        语文      数学      英语      综合      总分
-------------------------------------------------------------------
9312028      揭安全      80.00     90.00     77.00    280.00    527.00
9312027      王小明      90.00     77.00     72.00    260.00    499.00
9312026      李科        70.00     88.00     73.00    245.00    476.00
```

（3）学生信息删除功能，即根据准考证号来删除满足条件的学生信息。

【解析】在结构体数组中删除满足条件的学生信息，先查找要删除信息的位置，若查找成功，

则执行删除操作，参考程序如下（lab8_2_3.c）。

```
/*
    @函数名称：deleteStudent(stuStru s[],int n,char id[])
    @入口参数：stuStru s[], int n, char id[]
    @函数功能：在学生数组 s 中删除准考证号为 id 的学生，返回删除后剩余的学生人数
*/
int deleteStudent(stuStru s[],int n,char id[])
{
    int i=n-1,j;
    while(i>=0&&strcmp(s[i].id,id)!=0)  //查找待删除元素
            i--;
    if(i!=-1)
    {
        for(j=i+1;j<n;j++)
                s[j-1]=s[j];
        n--;
        printf("删除成功\n");
    }
    else printf("删除失败\n");
    return n;
}
//其他函数同（1），此处略
int main()
{
    stuStru s[N];
    char id[10];
    int n;
    n=input(s);                 //输入
    sum(s,n);                   //求和
    print(s,n);                 //输出
    printf("请输入要删除的学生准考证号：\n");
    scanf("%s",id);
    n=deleteStudent(s,n,id);
    print(s,n);
    return 0;
}
```

程序运行结果如下。

准考证号	姓名	语文	数学	英语	综合	总分
9312028	揭安全	80.00	90.00	77.00	280.00	527.00✓
9312027	王小明	90.00	77.00	72.00	260.00	499.00✓

请输入要删除的学生准考证号：
9312027✓
删除成功

准考证号	姓名	语文	数学	英语	综合	总分
9312028	揭安全	80.00	90.00	77.00	280.00	527.00

（4）学生信息修改功能，即根据准考证号修改指定学生的成绩信息。

【解析】先根据准考证号查找要修改的记录的位置，若查找成功，则根据输入的信息修改指定记录，参考程序如下（lab8_2_4.c）。

```
/*
    @函数名称：modiStudent
    @入口参数：stuStru s[], int n, char id[]
    @函数功能：修改准考证号为 id 的学生的信息
*/
void modiStudent(stuStru s[],int n,char id[])
{
    int i=n-1,j;
```

```
        while(i>=0&&strcmp(s[i].id,id)!=0)
                i--;
        if(i!=-1)        //查找成功
        {
            printf("请重新输入学生的以下信息: \n");
            printf("姓名: ");
            scanf("%s",s[i].name);
            printf("语文     数学     英语     综合\n");
            s[i].total=0;
            for(j=0;j<4;j++)
                {
                    scanf("%f",&s[i].score[j]);
                    s[i].total+=s[i].score[j];
                }
        }
        else   printf("查无此人\n");
}
//其他函数同(1),此处略
int main()
{
    stuStru s[N];
    char id[10];
    int n;
    n=input(s);                  //输入
    sum(s,n);                    //求和
    print(s,n);                  //输出
    printf("请输入要修改成绩信息的学生准考证号: \n");
    scanf("%s",id);
    modiStudent(s,n,id);
    print(s,n);
    return 0;
}
```

程序运行结果如下。

请按下列格式输入学生信息（行首输入 q 结束输入）:

准考证号	姓名	语文	数学	英语	综合	
9312010	王明	70	89	90	250↙	
9312012	李明	88	90	72	260↙	
q						
准考证号	姓名	语文	数学	英语	综合	总分

准考证号	姓名	语文	数学	英语	综合	总分
9312010	王明	70.00	89.00	90.00	250.00	499.00
9312012	李明	88.00	90.00	72.00	260.00	510.00

请输入要修改成绩信息的学生准考证号:
9312012↙
请重新输入学生的以下信息:
姓名: 李明↙

语文	数学	英语	综合			
80	90	70	268↙			
准考证号	姓名	语文	数学	英语	综合	总分

准考证号	姓名	语文	数学	英语	综合	总分
9312010	王明	70.00	89.00	90.00	250.00	499.00
9312012	李明	80.00	90.00	70.00	268.00	508.00

（5）按总分和按准考证号排序的功能，即按总分、准考证号对学生信息表进行递增排序。

【解析】作为巩固和复习，这里采用冒泡排序法对学生信息表进行排序，参考程序如下（lab8_2_5.c）。

```
/*
    @函数名称: bubbleSort
    @入口参数: stuStru s[], int n
    @函数功能: 按准考证号对学生信息进行递增排序
*/
void bubbleSort(stuStru s[],int n)
{
    stuStru   t;
    int i,flag=1;
    while(n>1&&flag==1)
    {
        flag=0;
        for(i=0;i<n-1;i++)
        {
            if(strcmp(s[i].id,s[i+1].id)>0)
            {
                t=s[i];
                s[i]=s[i+1];
                s[i+1]=t;
                flag=1;
            }
        }
        n--;
    }
}
//其他函数同（1），此处略
int main()
{
    stuStru s[N];
    char id[10];
    int n;
    n=input(s);                 //输入
    sum(s,n);                   //求和
    puts("按总分排序: ");
    selectSort(s,n);            //按总分排序
    print(s,n);                 //输出
    puts("按准考证号排序: ");
    bubbleSort(s,n);            //按准考证号排序
    print(s,n);
    return 0;
}
```

程序运行结果如下。

请按下列格式输入学生信息（行首输入 q 结束输入）：

准考证号	姓名	语文	数学	英语	综合
9312010	王明	70	89	90	250✓
9312012	李明	80	90	70	268✓

q✓

按总分排序：

准考证号	姓名	语文	数学	英语	综合	总分
9312012	李明	80.00	90.00	70.00	268.00	508.00
9312010	王明	70.00	89.00	90.00	250.00	499.00

按准考证号排序：

准考证号	姓名	语文	数学	英语	综合	总分
9312010	王明	70.00	89.00	90.00	250.00	499.00
9312012	李明	80.00	90.00	70.00	268.00	508.00

3.（选做）快速排序是一种高效的排序算法，其基本思想如下。

（1）分割。当待排序数组段的元素个数大于 1 时，取待排序数组段中的第一个元素，以它为参照，对待排序数组段进行划分，使大于它的元素位于其左侧，小于等于它的元素位于其右侧。至此，该划分元素已经处于它该处的最终位置，同时产生了两个未排序的子数组。

（2）递归。对每一个未排序的数组段执行步骤（1）。

请设计快速排序函数 void quickSort(stuStru s[],int low,int high)，采用快速排序法对主教材例 8.5 中的学生信息（存储在 s[low..high]中）按总分进行降序排列。

【解析】快速排序算法的关键在于一次划分，这里介绍如何使用来回比较法实现划分。以图 2-8-1（a）所示的数组为例，当数组元素个数大于 1 时，先将最左边的划分元素用一个变量暂存，留出左边的空位。用两个变量 i、j 从数组的左右边界（low 和 high）开始由外向内扫描，首先从右向左，将那些大于等于划分元素的数据留在右边，当遇到小于划分元素的数据时，将该元素移至左边的空位，即 a[i]=a[j]，再将 i 向右移动一个位置，如图 2-8-1（b）和图 2-8-1（c）所示，此时右边留出一个空位；接下来，从左向右扫描，将小于等于划分元素的数据留在左边，当遇到大于划分元素的数据时，将其移动到右边的空位，即 a[j]=a[i]，同时将 j 的值减 1，左边留出一个空位，如图 2-8-1（d）和图 2-8-1（e）所示。重复这个过程，直至 i 与 j 相等为止；最后将划分元素存入 a[i](a[j])，如图 2-8-1（k）所示。

（b）从右向左扫描，将大于等于划分元素的数据留在右边，a[8]小于划分元素

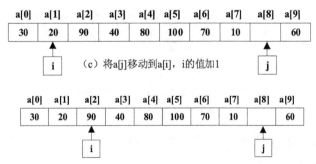

（c）将a[j]移动到a[i]，i的值加1

（d）从左向右扫描，将小于等于划分元素的数据留在左边，a[2]大于划分元素

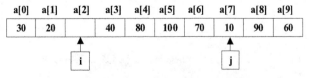

（e）将a[i](a[2])移动至a[j]，j的值减1

图 2-8-1 快速排序示意

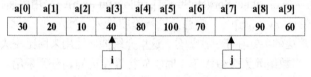

（f）从右向左扫描，将大于等于划分元素的数据留在右边，a[7]小于划分元素

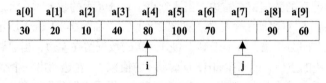

（g）将a[j]移动到a[i]，i的值加1

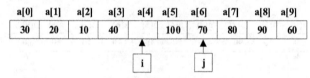

（h）从左向右扫描，将小于等于划分元素的数据留在左边，a[4]大于划分元素

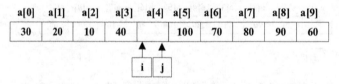

（i）将a[i](a[4])移动至a[j]，j的值减1

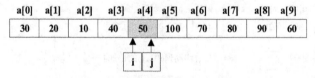

（j）从右向左扫描，将大于等于划分元素的数据留在右边，当i等于j时结束

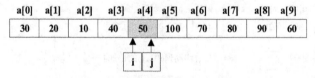

（k）将划分元素存入a[i]，一次划分结束

图 2-8-1　快速排序示意（续）

　　一次划分结束后，对左半部分 a[low..i-1]和右半部分 a[i+1..high]进行递归快速排序即可。参考程序如下（lab8_3.c）。

```c
#include <stdio.h>
#include <string.h>
#define N 10000
struct student
{    char id[10];              //准考证号
     char name[9];             //姓名
     float score[4];           //大小为 4 的数组，分别存储 4 门课程分数
     float total;              //总分
};
typedef struct student stuStru;
```

```
/*
     @函数名称: quickSort
     @入口参数: stuStru s[], int low, int high
     @函数功能: 采用快速排序法对学生信息按学生总分进行降序排列
*/

void quickSort(stuStru s[],int low,int high)
{
        int i,j;
        stuStru t;
        if(low<high)
        {
              i=low;
              j=high;
              t=s[low];
              do
              {
                      while(i<j&&s[j].total<t.total)    //从右向左扫描
                          j--;
                      if(i<j)
                              s[i++]=s[j];
                      while(i<j&&s[i].total>t.total)    //从左向右扫描
                          i++;
                      if(i<j)
                              s[j--]=s[i];
              }while(i<j);
              s[i]=t;              //将划分元素存入最终位置
              quickSort(s,low,i-1);              //对左半部分进行递归排序
              quickSort(s,i+1,high);             //对右半部分进行递归排序
        }
}
/*
     @函数名称: input
     @入口参数: stuStru s[]
     @函数功能: 录入学生信息，返回信息输入成功的学生人数
*/
int input(stuStru s[])
{
     int n=-1,i;
     printf("请按下列格式输入学生信息（行首输入 q 结束输入）: \n");
     printf("------------------------------------------------------\n");
     printf("准考证号\t 姓名\t 语文\t 数学\t 英语\t 综合\n");
     do
     {    n++;
          scanf("%s",s[n].id);                       //输入准考证号
          if(s[n].id[0]=='q'||s[n].id[0]=='Q') break;
          scanf("%s",s[n].name);                     //输入姓名
          for(i=0;i<4;i++)                           //输入 4 门课程成绩
               scanf("%f",&s[n].score[i]);
     }while(1);
     return n;                                       //返回有效学生人数
}
/*
     @函数名称: sum
     @入口参数: stuStru *s, int n
     @函数功能: 求学生的总分
*/
void sum(stuStru *s,int n)
{    int i,j;
     stuStru *p=s;                    //采用指针法访问数组
     while(p<s+n)
     {
          p->total=0;                 //总分清零
          for(j=0;j<4;j++)
               p->total+=p->score[j];
```

```
                p++;
        }
}
/*
    @函数名称: print
    @入口参数: stuStru s[], int n
    @函数功能: 输出学生信息
*/
void print(stuStru *s,int n)
{
    int i,j;
    if(n>0)
    {
        printf("%-12s%-12s","准考证号","姓名");           //输出表头
        printf("%-8s%-8s%-8s%-8s%-8s\n","语文","数学","英语","综合","总分");
        printf("-----------------------------------------------------------------\n");
        for(i=0;i<n;i++,s++)
        {
            printf("%-12s",s->id);                    //输出准考证号
            printf("%-12s",s->name);                  //输出姓名
            for(j=0;j<4;j++)                          //输出成绩
                    printf("%-8.2f",s->score[j]);
            printf("%-8.2f\n",s->total);              //输出总分
        }
    }
}
int main()
{
    stuStru s[N];
    char id[10];
    int n;
    n=input(s);                 //输入
    sum(s,n);                   //求和
    puts("按总分排序: ");
    quickSort(s,0,n-1);         //按总分排序
    print(s,n);                 //输出
    return 0;
}
```

程序运行结果如下。

```
请按下列格式输入学生信息（行首输入 q 结束输入）:
-----------------------------------------------------------------
准考证号        姓名      语文     数学      英语      综合
9312010        王明      70       89        90        250↙
9312012        李明      80       90        70        268↙
9312028        揭安全    80       90        77        280↙
q↙
按总分排序:
准考证号      姓名         语文      数学      英语      综合      总分
-----------------------------------------------------------------
9312028      揭安全       80.00     90.00     77.00     280.00    527.00
9312012      李明         80.00     90.00     70.00     268.00    508.00
9312010      王明         70.00     89.00     90.00     250.00    499.00
```

4. 编写程序，在按结点值递增的有序单链表中插入一个结点，使单链表保持有序。

【解析】要保证单链表按结点值有序递增，需要在单链表中查找新结点插入位置，在具体实现时，可以设置两个指针变量，如 pre 和 p，两个指针位置保持相邻，从前向后查找新结点的插入位置。插入位置分两种情况，一种是新结点需要插入单链表最前面，另一种是新结点插入单链表的中间或最后，如图 2-8-2 所示。

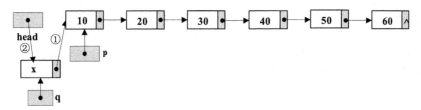

（a）新结点插入单链表最前面

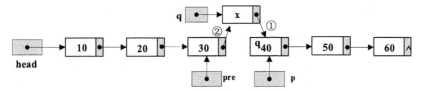

（b）新结点插入单链表中间

图 2-8-2　在单链表中插入新结点示意

参考程序如下（lab8_4.c）。

```c
#include "linklist.h"              //linklist.h 为主教材例 8.7 定义的链表头文件
/*
     @函数名称：insertLinklist
     @入口参数：linklist head, int x
     @函数功能：在按结点值升序排列的单链表中插入值为 x 的结点，并保持单链表的有序性
*/
linklist insertLinklist(linklist head,int x)
{
     linklist  pre,p,q;
     pre=NULL;
     p=head;
     while(p!=NULL&&p->data<x)             //查找插入位置
     {
          pre=p;
          p=p->next;
     }
     q=(linklist)malloc(sizeof(linknode)); //生成新结点
     q->data=x;
     if(pre==NULL)                          //插入单链表最前面
     {
          q->next=head;
          head=q;
     }
     else
     {
          q->next=p;
          pre->next=q;
     }
     return head;
}
int main()
{
     linklist head;
     int x;
     puts("建表时请输入有序的整数序列：");
     head=creatLink();
     print(head);
     print("请输入要插入的数：");
     scanf("%d",&x);
     head=creatSortedList();
     print(head);
     freeLinklist(head);
     return 0;
}
```

程序两次运行的结果如下。

```
建表时请输入有序的整数序列：
请输入整数序列（以空格分隔，以 0 作为结束）：
10 20 30 40 50 60 0↙
List:
    10    20    30    40    50    60
请输入要插入的数：5↙
List:
    5    10    20    30    40    50    60
```

```
建表时请输入有序的整数序列：
请输入整数序列（以空格分隔，以 0 作为结束）：
10 20 30 40 50 60 0↙
List:
    10    20    30    40    50    60
请输入要插入的数：35↙
List:
    10    20    30    35    40    50    60
```

5. 编写程序，根据从键盘上输入无序的数据创建有序的单链表。

【解析】本题可调用上题的 insertLinklist( )函数，把从键盘输入的无序数据逐个插入初始值为空的单链表中，最终创建的单链表为有序链表。参考程序如下（lab8_5.c）。

```
/*
        @函数名称：creatSortedList
        @入口参数：无
        @函数功能：根据从键盘输入的无序数据创建有序的单链表
*/
linklist creatSortedList()
{
        int x;
        linklist head=NULL;
        puts("请输入一组整数序列（用空格分隔，并以 0 作为结束）: ");
        scanf("%d",&x);
        while(x!=0)
        {
                head=insertLinklist(head,x);
                scanf("%d",&x);
        }
        return head;
}
int main()
{
    linklist head;
    head=creatSortedList();
    print(head);
    return 0;
}
```

程序运行结果如下。

```
请输入一组整数序列（用空格分隔，并以 0 作为结束）：
50 30 60 20 10 40 0↙
List:
    10    20    30    40    50    60
```

6. 编写函数 freeLinklist(linklist head)，将单链表 head 中所有的结点空间释放。

【解析】可以通过循环不断地把单链表中的第一个结点空间释放，直至单链表为空。参考程序如下（linklist.h）。

```
/*
        @函数名称：freeLinklist
        @入口参数：linklist head
        @函数功能：释放单链表存储空间
*/
void freeLinklist(linklist head)
{
        linklist p;
        while(head!=NULL)
        {
            p=head;
            head=head->next;
            free(p);
        }
}
```

可将该函数存入 linklist.h 文件，使用完单链表后应调用该函数释放链表结点空间，以免造成内存泄漏。

实验 9
文件与数据存储

一、实验目的

1. 掌握文件的打开与关闭操作。
2. 掌握文件的顺序读写方法。
3. 掌握文件的随机读写方法。
4. 能够综合利用文本文件与二进制文件解决数据存储问题。

二、实验内容

1. 编写程序，将 9_1.c 文件的内容输出到屏幕上。

【解析】C 语言的源程序是文本文件，因此，可以用文本文件"读"的方式打开文件，逐个读入字符并输出到屏幕上。参考程序如下（lab9_1.c）。

```c
#include <stdio.h>
int main()
{
    FILE *fp;
    char ch;
    fp=fopen("9_1.c","r");              //按文本文件"读"的方式打开文件
    if(fp!=NULL)
    {
            while(!feof(fp))
            {
                ch=fgetc(fp);           //读入一个字符
                putchar(ch);
            }
            fclose(fp);
    }
    else
            puts("文件打开失败");
    return 0;
}
```

2. 编写函数 int mycopy(char *file1,char *file2)，实现将文本文件 file1 复制到文本文件 file2 中，若复制成功函数返回 1，否则返回 0，请编写 main( )函数进行测试。

【解析】采用文本文件"读"和"写"的方式分别打开源文件和目标文件，从源文件中逐个读入字符并将其写入目标文件。参考程序如下（lab9_2.c）。

```
#include <stdio.h>
#include <string.h>
/*
    @函数名称: mycopy
    @入口参数: char *file1, char *file2
    @函数功能: 将文本文件 file1 复制到文本文件 file2 中
*/
int mycopy(char *file1,char *file2)
{
    FILE *fp1,*fp2;
    char ch;
    fp1=fopen(file1,"r");
    fp2=fopen(file2,"w");
    if(fp1==NULL||fp2==NULL)
        {
            puts("文件打开或创建失败!");
            return 0;
        }
    else
        {
            while(!feof(fp1))
            {
                ch=fgetc(fp1);
                putchar(ch);
                fputc(ch,fp2);
            }
            fclose(fp1);
            fclose(fp2);
            return 1;
        }
}
int main()
{
    if(mycopy("9_1.c","9_1_bak.c")==1)
        puts("\n 文件复制成功! ");
    else
        puts("\n 文件复制失败! ");
    return 0;
}
```

3. 学生信息存储在 9_4.dat 文件中（主教材例 9.4 中程序的运行结果文件），编写程序，根据输入的准考证号查询学生的考试成绩信息并输出。

【解析】编写 int readFromFile(stuStru s[],char *filename)函数，从文件 filename 读入学生信息并存入 s，返回正确读取的学生记录数；然后根据输入的准考证号在数组 s 中查找学生的考试成绩信息并输出，由于不确定数组是否有序，因此采用顺序查找法。参考程序如下（lab9_3.c）。

```
#include <stdio.h>
#include <string.h>
#define N 10000
struct student
{
    char id[10];            //准考证号
    char name[9];           //姓名
    float score[4];         //大小为 4 的数组，分别存储 4 门课程分数
    float total;            //总分
};
typedef struct student stuStru;

/*
    @函数名称: query
    @入口参数: stuStru s[], int n, char id[]
    @函数功能: 根据准考证号查询学生信息
*/

int query(stuStru s[],int n,char id[])
```

```
{
    int i=n-1;          //采用顺序查找法，若学生记录按准考证号有序排列，则可采用二分查找法
    while(i>=0&&strcmp(s[i].id,id)!=0)
            i--;
    return i;
}

/*
    @函数名称：readFromFile
    @入口参数：stuStru s[], char *filename
    @函数功能：从文件 filename 读入学生信息并存入 s，返回正确读取的学生记录数
*/
int readFromFile(stuStru s[],char *filename)
{
    FILE *fp;
    int n=0,k;
    fp=fopen(filename,"rb");                     //打开文件
    if(fp!=NULL)
    {
        while(1)
        {
            k=fread(s+n,sizeof(stuStru),1,fp);    //读取一条记录
            if(k!=1) break;                       //未读取成功，表明已读取至文件末尾
            n++;
        }
        return n;                                 //返回成功读取的学生记录总数
        fclose(fp);
    }
    else
        {
            printf("读取数据失败！\n");
            return 0;
        }
}


/*
    @函数名称：print
    @入口参数：stuStru s[], int n
    @函数功能：输出学生信息
*/
void print(stuStru *s,int n)
{
    int i,j;
    if(n>0)
    {
        printf("%-12s%-12s","准考证号","姓名");        //输出表头
        printf("%-8s%-8s%-8s%-8s%-8s\n","语文","数学","英语","综合","总分");
        printf("----------------------------------------------------------------\n");
        for(i=0;i<n;i++,s++)
        {
            printf("%-12s",s->id);                    //输出准考证号
            printf("%-12s",s->name);                  //输出姓名
            for(j=0;j<4;j++)                          //输出成绩
                printf("%-8.2f",s->score[j]);
            printf("%-8.2f\n",s->total);              //输出总分
        }
    }
}
int main()
{
    stuStru s[N];
    int n,i,pos;
    char id[10];
    n=readFromFile(s,"9_4.dat");                      //读取数据并存入数组 s
    print(s,n);                                       //输出学生数据
    printf("请输入要查询的准考证号：\n");
```

```
        scanf("%s",id);
        pos=query(s,n,id);
        printf("pos=%d\n",pos);
        if(pos!=-1)
        {
                printf("准考证号: %s\n",s[pos].id);
                printf("姓名: %s\n",s[pos].name);
                for(i=0;i<4;i++)
                        printf("成绩%d: %.2f\n",i+1,s[pos].score[i]);
                printf("总分: %.2f\n",s[pos].total);
        }
        else
                printf("查找失败! \n");
        return 0;
}
```

程序运行结果如下。

准考证号	姓名	语文	数学	英语	综合	总分
110100105	杨婷	130.00	132.00	128.00	256.00	646.00
110100104	刘洁	121.00	105.00	130.00	250.00	606.00
110100102	李科	108.00	130.00	125.00	241.00	604.00
110100101	王晓东	112.00	120.00	121.00	230.00	583.00
110100103	赵国庆	99.00	98.00	101.00	200.00	498.00

请输入要查询的准考证号:
110100101↙
pos=3
准考证号: 110100101
姓名: 王晓东
成绩 1: 112.00
成绩 2: 120.00
成绩 3: 121.00
成绩 4: 230.00
总分: 583.00

4. 学生信息存储在 9_4.dat 文件中（主教材例 9.4 中程序的运行结果文件），编写程序，根据输入的准考证号删除相应的学生记录。

【解析】编写 int readFromFile(stuStru s[],char *filename)函数，从文件 filename 读入学生信息并存入 s；编写 int deleteStudent(stuStru s[],int n,char id[])函数，根据指定的准考证号删除学生信息；再编写 void writeToFile(stuStru s[],char *filename,int n)函数，将学生信息写回文件并保存。参考程序如下（lab9_4.c）。

```
#include <stdio.h>
#include <string.h>
#define N 10000
struct student
{
        char id[10];                    //准考证号
        char name[9];                   //姓名
        float score[4];                 //大小为 4 的数组, 分别存储 4 门课程分数
        float total;                    //总分
};
typedef struct student stuStru;

/*
    @函数名称: deleteStudent
    @入口参数: stuStru s[], int n, char id[]
```

```
    @函数功能: 删除指定准考证号的学生记录
*/
int deleteStudent(stuStru s[],int n,char id[])
{
    int i=n-1,j;
    while(i>=0&&strcmp(s[i].id,id)!=0)
        i--;                  //查找
    if(i!=-1)                 //删除
    {
        for(j=i+1;j<n;j++)
            s[j-1]=s[j];
        n--;
    }
    return n;
}

/*
    @函数名称: readFromFile
    @入口参数: stuStru s[], char *filename
    @函数功能: 从文件 filename 读入学生信息并存入 s, 返回正确读取的学生记录数
*/
int readFromFile(stuStru s[],char *filename)
{
    FILE *fp;
    int n=0,k;
    fp=fopen(filename,"rb");                    //打开文件
    if(fp!=NULL)
    {
        while(1)
        {
            k=fread(s+n,sizeof(stuStru),1,fp);  //读取一条记录
            if(k!=1) break;                     //未读取成功，表明已读取至文件末尾
            n++;
        }
        return n;                               //返回成功读取的学生记录总数
        fclose(fp);
    }
    else
    {
        printf("读取数据失败! \n");
        return 0;
    }
}

/*
    @函数名称: writeToFile
    @入口参数: stuStru s[], char *filename, int n
    @函数功能: 保存学生信息函数
*/
void writeToFile(stuStru s[],char *filename,int n)
{
    FILE *fp;
    fp=fopen(filename,"wb");                     //打开文件
    if(fp!=NULL)
    {
        fwrite(s,sizeof(stuStru),n,fp);          //写文件
        fclose(fp);
    }
    else
        printf("文件保存失败! \n");
}
/*
    @函数名称: print
    @入口参数: stuStru s[], int n
    @函数功能: 输出学生信息
*/
```

```
void print(stuStru *s,int n)
{
    int i,j;
    if(n>0)
    {
        printf("%-12s%-12s","准考证号","姓名");        //输出表头
        printf("%-8s%-8s%-8s%-8s%-8s\n","语文","数学","英语","综合","总分");
        printf("-----------------------------------------------------------\n");
        for(i=0;i<n;i++,s++)
        {
            printf("%-12s",s->id);              //输出准考证号
            printf("%-12s",s->name);            //输出姓名
            for(j=0;j<4;j++)                    //输出成绩
                printf("%-8.2f",s->score[j]);
            printf("%-8.2f\n",s->total);        //输出总分
        }
    }
}
int main()
{
    stuStru s[N];
    int n,i,pos;
    char id[10];
    n=readFromFile(s,"9_4.dat");               //读取数据并存入数组 s
    print(s,n);                                //输出学生数据
    printf("请输入要删除的学生准考证号：\n");
    scanf("%s",id);
    n=deleteStudent(s,n,id);
    writeToFile(s,"lab9_4.dat",n);             //将删除后剩余的学生记录存入新文件
    n=readFromFile(s,"lab9_4.dat");
    print(s,n);
    return 0;
}
```

程序运行结果如下。

准考证号	姓名	语文	数学	英语	综合	总分
110100105	杨婷	130.00	132.00	128.00	256.00	646.00
110100104	刘洁	121.00	105.00	130.00	250.00	606.00
110100102	李科	108.00	130.00	125.00	241.00	604.00
110100101	王晓东	112.00	120.00	121.00	230.00	583.00
110100103	赵国庆	99.00	98.00	101.00	200.00	498.00

请输入要删除的学生准考证号：
110100104↙

准考证号	姓名	语文	数学	英语	综合	总分
110100105	杨婷	130.00	132.00	128.00	256.00	646.00
110100102	李科	108.00	130.00	125.00	241.00	604.00
110100101	王晓东	112.00	120.00	121.00	230.00	583.00
110100103	赵国庆	99.00	98.00	101.00	200.00	498.00

5. 试编写程序，将 256 色的 BMP（位图）图像顺时针旋转 180°并保存到另一个文件中。

【解析】要编写该程序，先要了解 256 色 BMP 格式。256 色位图文件包括 4 个部分：位图文件头、位图信息头、色表和位图数据本身。位图文件头包含关于文件的信息，如从哪里开始是位图数据的定位信息；位图信息头含有关于图像的信息，如以像素为单位的宽度和高度；色表中有图像颜色的 RGB 值。这 3 个部分共占用文件的前 1078 字节，之后的内容为位图数据。

因此，可以先将源文件的前 1078 字节复制到目标文件中，再将之后的文件内容从后向前复制

到目标文件中，从而实现图像顺时针旋转 180°。参考程序如下（lab9_5.c）。

```
#include <stdio.h>
int main(int argc,char *argv[])
{
    int i;
    char c;
    FILE *fp1,*fp2;
    if(argc!=3)
            exit(1);
    fp1=fopen(argv[1],"rb");              //第一个命令行参数为源文件
    fp2=fopen(argv[2],"wb");              //第二个命令行参数为目标文件
    if(fp1==NULL||fp2==NULL)
        exit(1);
    for(i=0;i<1078;i++)                   //复制文件头信息
    {
        c=fgetc(fp1);
        fputc(c,fp2);
    }
    fseek(fp1,-1,SEEK_END);              //将文件读写位置指针定位到最后一字节
    while(ftell(fp1)>1077)              //将位图信息从后向前复制到目标文件中
    {
        c=fgetc(fp1);
        fputc(c,fp2);
        fseek(fp1,-2,SEEK_CUR);         //从文件末尾向文件头移动指针
    }
    fclose(fp1);                         //关闭文件
    fclose(fp2);
    return 0;

}
```

编译上述程序后产生 lab9_5.exe 文件，设当前文件夹下存有图 2-9-1 所示的位图文件（文件名为 rabbit.bmp），在命令行中输入以下内容。

```
>lab9_5    rabbit.bmp    rabbit2.bmp
```

程序运行完成后将产生 rabbit2.bmp 文件，其效果如图 2-9-2 所示。

图 2-9-1 256 色位图文件　　　　　图 2-9-2 顺时针旋转 180°后的位图文件

（1）这里采用了命令行方式，可以在运行程序时以该方式提供待旋转的位图文件名，使程序更加通用；（2）上述参考程序采用字节方式读写文件，请采用 fread( )和 fwrite( )函数读写文件完成本题，以提高程序的运行效率。

实验 10
C 语言综合性课程设计

一、实验目的

1. 能够根据实际应用问题进行项目需求分析。
2. 能够根据需求分析进行项目总体设计。
3. 能够根据总体设计要求应用模块化程序设计思想进行项目的详细设计。
4. 能够采用 C 语言熟练地进行编码。
5. 培养系统与工程思维，增强团队协作的意识。

二、实验内容

课程设计是大型综合性程序设计实验，它不仅是对程序设计能力的综合锻炼，还是对团队合作、软件开发与项目管理过程的训练。课程设计要求以团队合作的形式进行，根据选题难度，每组 2~3 人，确定小组长及每个人的分工，并制订项目开发进度表。

课程设计要按照软件的开发过程，分以下几个阶段进行：需求分析、系统设计、系统编码实现、系统测试、系统评价与验收。

课程设计需要递交的报告：设计文档和总结报告。前者的内容主要包括对问题分析的陈述和系统初步的设计方案，以及可能的难点问题与关键技术等；后者用于对整个开发进行全面的总结，主要内容包括系统功能说明、使用说明、程序结构说明、系统设计难点及解决方法、小组人员分工情况等。

建议组织学生进行项目汇报，展示设计的思想及成果。

评价标准：从 4 个方面考核各组课程设计的成绩，分别为文档及程序风格（20%）、界面设计及操作便捷性（20%）、功能完成情况及编程工作量（40%）、编程难度和程序亮点（20%）；若选题新颖，可以适当加分。

C 语言可以应用于很多领域，如利用 OpenGL 库可以实现较丰富的图形设计；利用 C 语言的作图功能及相关算法可以实现类似"金山打字通""五子棋""扫雷"等游戏程序。但相比于目前流行的 C#、Java 等编程语言，C 语言在图形界面软件开发方面已失去优势。

信息管理类的选题较易组织实施，可以调研超市收银、小区物业管理收费系统、银行储蓄管理等的功能需求，分以下几个阶段开展课程设计：需求分析、系统设计、系统编码实现、系统测试、系统评价与验收，以及撰写课程设计报告。

下面给出两个信息管理类的课程设计选题供参考。教师或学生可以根据自身情况设计更多类别的课程设计，以达到训练学生综合应用数组、结构体和文件组织数据，进一步巩固结构化程序设计方法，熟悉排序、查找等常用算法的目的。

参考选题 1：电子投票程序的设计与实现。

电子投票平台是一个用来进行投票统计的应用程序，在投票之前需要进行身份验证，投票人经过验证后可以用浏览和查询的方式了解候选人的介绍信息，根据候选人的介绍信息决定将选票投给哪位候选人。

投票人的主要功能需求如下。

（1）投票人的投票方式：在提示下输入要选举的候选人的编号，即可完成操作。

（2）投票人了解候选人的方式：浏览候选人列表，输入编号查询候选人介绍信息。

管理员的主要功能需求如下。

（1）初始化候选人信息：在应用程序投入使用前，需要将候选人信息录入应用程序中，以便投票和查看；这个操作由管理员来完成，管理员的初始化工作就是将候选人的编号、姓名和简介录入应用程序中。

（2）浏览候选人简介：管理员有权浏览候选人简介，按照候选人编号进行浏览。

（3）修改候选人简介：管理员有权更新候选人信息，当候选人信息变化时，输入候选人编号，对其信息进行更改。

（4）查询投票情况：管理员有权查询当前各个候选人的得票情况，以便得出最终被选中的候选人的信息。

（5）清除投票信息：当投票结束后，管理员可清除应用程序中所有候选人的票数，使之归零。

（6）安全管理：管理员可以对投票人信息进行管理，投票人只有用管理员规定的用户名和密码才能进入应用程序进行投票；管理员还可以重置密码，并对投票人信息进行增加、删除、查询、排序和初始化等操作。

参考选题 2：通信录管理程序设计。

设计手机通信录管理程序，实现对手机中的通信录进行管理。

该程序的功能要求如下。

（1）查看功能。当选中某类别（可选项有办公类、个人类、商务类）时，显示此类中所有的姓名和电话号码。

（2）增加功能。能录入新数据，其中应包括姓名、电话号码、分类（可选项有办公类、个人类、商务类）、电子邮箱等属性。

例如：李科　　　　　1500000000*　　　商务类　　　like@***.com

当录入重复的姓名和电话号码时，提示数据录入重复并取消录入；当通信录中有超过 500 条信息时，存储空间已满，不能再录入新数据；录入的新数据能按姓名递增的顺序自动进行编号。

（3）拨号功能。能显示通信录中所有人的姓名，当选中某个姓名时，屏幕上模拟打字机的效果依次显示此人的电话号码中的各个数字，并伴随相应的拨号声音（声音可选）。

（4）修改功能。当选中某个人的姓名时，可对此人的相应数据进行修改。

（5）删除功能。当选中某个人的姓名时，可对此人的相应数据进行删除，并自动调整后续条目的编号。

附录

主教材习题参考答案

练习一参考答案

1. C
2. B
3. A
4. D

练习二参考答案

1. C
2. A
3. C
4. C
5. C
6. 程序的输出结果如下。

```
a=51,b=65,c=50
a=3,b=A,c=2
```

7. A
8. D
9. D
10. A
11. A
12. −40
13. 7, 1

练习三参考答案

1. A
2. B
3. 程序的输出结果如下。

```
12,56
```

4. a=\'%c\',b=\"%c\",c=%x   输入格式：A,%,26

练习四参考答案

1. A

2. x>30&&x<50||x<-100

3. 0

4. 1

5. B

6. C

7. 程序的运行结果如下。

```
d=20
```

8. 程序的运行结果如下。

```
over!
```

9. （1）(year%4==0&&year%100!=0)||(year%400 ==0)　　（2）leap 或 leap==1 或 leap!=0

10. B

11. B

12. 程序的输出结果如下。

```
3
```

13. C

14. C

15. 程序的输出结果如下。

```
3,2,0
```

16. （1）fahr　　（2）celsius=5.0/9*(fahr-32)　　（3）fahr=fahr+32

17. 程序的输出结果如下。

```
5523
```

18. 详见下面的修改点。

```c
#include <stdio.h>
int main()
{    int  n,count=0;                    //修改点
     for(n=100;n<=1000;n++)
     {
         if(n%3==0&&n%5==0)             //修改点
             {  printf("%5d",n);        //修改点
                if(++count%10==0)  printf("\n");
             }                          //修改点
     }
     printf("共输出了%d 个数\n",count);
}
```

19. （1）i<n　　（2）m+=i　　（3）m==n

20. 程序的运行结果如下。

```
******
******
  ******
    ******
```

练习五参考答案

1. 程序的运行结果如下。

```
0
```

2. 参考程序如下。

```
void printTable()
{
    int i,j;
    for(i=1;i<10;i++)
    {
        for(j=1;j<=i;j++)
                printf("%d*%d=%-4d",i,j,i*j);
        printf("\n");
    }
}
```

3. D

4. 程序的运行结果如下。

```
a=10,b=20
a=10,b=20
```

5. 程序的运行结果如下。

```
26
```

6. （1）a1=k/10　　（2）a2=k%10

7. 程序的运行结果如下。

```
s=5050
```

8. 程序的运行结果如下。

```
2    5    9    14
k=14
```

9. 输入 12 时程序的输出结果为 1100，函数的功能是输出十进制数 x 对应的二进制数。

10. 程序的运行结果如下。

```
4321
```

11. 程序的运行结果如下。

```
2    4    8    16
```

12. 程序的运行结果如下。

```
10   5
 4   10
10   10
 6   15
```

13. 程序的运行结果如下。

```
100,400,100,200
```

练习六参考答案

1. D

2. 程序的运行结果如下。

s=1234

3. 详见以下修改点。

```c
#include <stdio.h>
int main()
{   int c[26]={0},i;                    //修改点
    char ch;
    while((ch=getchar())!='\n')         //修改点
    if(ch>='a'&&ch<='z')
        c[ch-'a']+=1;
    for(i=0;i<26;i++)                   //修改点
        printf("%c:%d\n",i+'a',c[i]);
    return 0;
}
```

4. D

5. （1）s+a[i] （2）right−left+1 （3）a,0,N−1

6. （1）rand()%6+1 （2）frequency[face]++ （3）i<=6

7. 详见下面的修改点。

```c
void reverse(int a[],int n)
{   int i,temp;                         //修改点
    for(i=0;i<n/2;i++)                  //修改点
    {   temp=a[i];
        a[i]=a[n-i-1];
        a[n-i-1]=temp;                  //修改点
    }
}
```

8. （1）n−1 （2）a[j+1]=a[j] （3）a[j+1]

9. （1）i=1 （2）i<n （3）a[i] （4）j−−

10. C

11. C

12. B

13. （1）a[5][5] （2）i+j （3）printf("\n");

14. 程序的运行结果如下。

12

15. D

16. D

17. （1）strlen(s) （2）break （3）i>=j

18. （1）str[i]!='\0' （2）=='' （3）num

19. （1）left++ （2）left<right&&a[right]>=0 （3）a,left+1,right−1

练习七参考答案

1. C

2. C

3. D

4. D

5. 程序的输出结果如下。

```
20,40
30,60
```

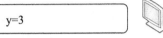

6. 程序的输出结果如下。

```
21,10
```

7. 20

8. 程序的输出结果如下。

```
10    25
25    25
```

9. 程序的输出结果如下。

```
y=3
```

10. p=&a[8]

11. A

12. A

13. A

14. D

15. （1）程序的输出结果如下。

```
6
```

（2）程序的运行结果如下。

```
1
2
3
3
2
3
4
4
```

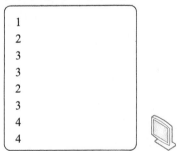

（3）程序的运行结果如下。

```
y=19
```

16. C

17. B

18. C

19. C

20. D

21. C

22. （1）'\0'   （2）++   （3）len

23. （1）'\0'   （2）p−s

24.（1）s*10+(*p++-'0')　　（2）flag*s　　（3）fun(s)

25. A

26. D

27. 12

28. 程序的输出结果如下。

```
1    3    5    7
9    11   13   15
17   19   21   23
```

29. C

30. A

31. B

32. 程序的输出结果如下。

```
a=2,b=1
*p=1,*q=2
```

练习八参考答案

1. C

2. 程序的运行结果如下。

```
p1.name=Zhangsan,p1.age=18
p2.name=Zhangsan,p2.age=18
```

3. A

4. D

5. 程序的运行结果如下。

```
Wangnin   24   80
```

6. 程序的运行结果如下。

```
Lilei   40   2000
```

7. C

8. B

9. 程序的运行结果如下。

```
Wang Wu:20
```

10. -2   -30

11.（1）p　　（2）p=p->next

练习九参考答案

1. 文本文件、二进制文件、文本

2. C

3. "a"

4. "wb"

5. stdin、stdout

6. （1）fopen(infile,"r")　（2）fopen(outfile,"w")　（3）!feof(in)

7. （1）(ch=getchar())!='\n'　（2）fp　（3）fp

8. B

9. D

10. C

参考文献

［1］揭安全. 高级语言程序设计（C语言版 第2版）——基于计算思维能力培养（附微课视频）［M］. 北京：人民邮电出版社，2022.

［2］［美］布赖恩·W.克尼汉，丹尼斯·M.里奇. C程序设计语言（英文版·第2版）［M］. 北京：机械工业出版社，2006.

［3］［美］K.N.金. C语言程序设计现代方法（第2版）［M］. 吕秀锋，黄倩，译. 北京：人民邮电出版社，2010.

［4］［美］乔恩·本特利. 编程珠玑（第2版）［M］. 黄倩，钱丽艳，译. 北京：人民邮电出版社，2019.

［5］谭浩强. C程序设计（第5版）［M］. 北京：清华大学出版社，2017.

［6］吴文虎，徐明星，邬晓钧. 程序设计基础（第4版）［M］. 北京：清华大学出版社，2017.

［7］苏小红，赵玲玲，孙志岗，等. C语言程序设计（第4版）［M］. 北京：高等教育出版社，2019.

［8］何钦铭，颜晖. C语言程序设计（第4版）［M］. 北京：高等教育出版社，2020.

［9］周颖. 程序员的数学思维修炼［M］. 北京：清华大学出版社，2014.

［10］杨峰. 妙趣横生的算法（C语言实现）［M］. 北京：清华大学出版社，2010.

［11］冼镜光. C语言名题精选百则——技巧篇［M］. 北京：机械工业出版社，2005.

［12］策未来. 全国计算机等级考试上机考试题库——二级C语言［M］. 北京：人民邮电出版社，2021.